U0192955

BBC earth

—— BBC星球系列 ——

绿色星球

THE GREEN
PLANET

Simon Barnes

〔英〕西蒙·巴恩斯 —— 著
虞北冥 —— 译

山东画报出版社
济 南

果麦文化　出品

目录

序言

植物为我们做了什么？

当你漫步在某座城市的街头，或者驱车穿梭于街道时，这问题看起来不好回答。人类似乎已经切断了自己和植物的联系：我们不再像祖先那样依赖植物生存。甚至整颗星球的运转，仿佛也不需要这层联系了。

许多人认为植物是一种不完整的生物形式，但事实并非如此。植物是一种完整的生物。没有植物，地球上的其他生物就不会存在，也永远不会诞生。

你摄入体内的每一点食物，都与植物密不可分。植物不仅仅是沙拉和配菜，你吃到的肉，本质上是经过了家畜转化的植物（一头发育成熟的肉牛，要消耗相当于它们肉量 6 ～ 25 倍的饲料）。海洋食物链的基础也是微小的浮游植物，甚至连真菌也需要消耗植物。

食物只是我们对植物依赖里最明显的部分。氧同样源于植物。我们吸入氧，呼出二氧化碳；植物则吸收二氧化碳，生产氧。正因为如此，我们视雨林为宏伟的氧气工厂——可惜我们中的大多数人并没有意识到这点。

植物在水循环里也起着重要作用。水分被植物从大地中汲取，蒸腾向天空，形成云朵，又以雨的形式落下。所以人类生存仰仗的食物、空气和水分，都离不开植物。

我们总觉得，21 世纪的人类已经切断了和自然的联系，新世界的创造不再需要树木这类古典材料。但驱动当代世界的依然是植物。从 1.2 万年前农业诞生以来，人类对地球施加的最大的改变出自工业革命，而驱动工业革命的煤炭主要是树木的化石，换言之，另一种形式的植物。我们当下最重要的能源石油，同样是生物化石，由植物、藻类和其他的

左图

–

工作之地：一只北美红蛱蝶在紫锥花上采蜜，同时为这株植物授粉。（美国新墨西哥州）

1

海洋生物转化而成。为了改变对石油的依赖，人们正在开发生物燃料，而它们也用活体植物制成。

这种利用植物能源的方式，导致了人类历史上最大的危机：气候变化。全球气温正无情地攀升，这不是政治家们的陈词滥调所能改变的。但植物能帮我们稳住局面，它们就像这颗星球的空调，不断吸收大气中的二氧化碳，并将它们转化成碳存储起来。要控制气候变化有两种办法，缺一不可：停止使用化石燃料，以及以前所未有的力度保护植物。

我们生活的每时每刻，植物都至关重要，但这只是本书赞美植物的原因之一。传统自然纪录片和大多数关于野生动物的书籍里，植物扮演配角，它们是风景如画的舞台，也为那些动物演员提供食物，让它们得以呼吸。

我们也是动物，当人类试图理解自己所处的世界时，将目光移向其他动物是自然而然的事。我们喜爱那些动物动作片和戏剧，捕猎的狮子、漫游的大象、舞蹈的天堂鸟、社交的狼，还有孤独的北极熊，它们深深地吸引着我们。然而科学和摄影技术的发展，向我们展示了植物王国不为人知的方面，尽管方式不同，这里同样上演着争斗、敌对、合作、创造，甚至捕猎的戏码。

许多植物的生命长度我们难以理解，它们有的只存活短短数周，有的长达数千年。电视纪录片《绿色星球》的动态画面，以及本书的静态照片都揭示了植物生存的复杂奥秘。

在这两部作品中，植物被置于前景，与它们共享地球的动物则担当起了配角。随着科学和摄影技术的发展，我们可以清楚地看到植物和动物唇齿相依、休戚与共。

这趟植物的生命之旅将由浅入深，从物种繁盛到不可思议的热带开始，迅速进入似乎排斥一切生命的荒漠极端环境。这些不同的地区，有的四季分明，有的一年到头几乎没有变化，然后我们会浸入水中：那既是生命的发源地，也是许多物种的归处。

农业出现后，经由人工选择的植物开始改变地球，这种变化之剧烈，不亚于6500万年前撞击地球的小行星给恐龙带去的冲击。所以最后一章，我们会从人类角度来看待植物。

我们都了解，人类需要面对很多残酷的现实。幸好我们中已有人在试图纠正错误，他们积极、聪明，而且豁达乐观。在当下的十字路口，人类正面临抉择。仔细观察植物及其运作原理，无疑有助于做出正确的选择。我们需要的，只是行动起来。

左图

—

大气考究：墨西哥武伦柱仙人掌和一棵观峰玉树。（墨西哥下加利福尼亚半岛）

翻页图

—

蓬勃生长的热带雨林。（哥斯达黎加）

TROPIC
WORLD

CAL
S

雨林天地

我们的旅途以光为起点。日复一日的白昼以乍现的天光为始。有了光，生命乃至万物才能诞生。光即一切。光是生命，因为光提供食物。我们每天都在享用光能：地球上的每头牛、每只大猩猩和每只蟑螂都是如此，海洋中的每只螃蟹、每条金枪鱼和每头蓝鲸概莫能外。

因为植物的存在，光成了生命的起点。动物王国里最凶猛的猎手终究也依赖植物存活，而植物的成长需要光，所以光是地球上几乎所有生物生存的根源。深海热液喷口旁的生物算是例外，这些结构复杂的生物可以依靠地球本身的能量存活，然而那终究只是小小的封闭世界。总的来说，是光——来自太阳的光——让地球上的所有生命成为可能。

由于司空见惯，我们反而无视了一个奇迹：植物将光能转化成了食物。这就好比你坐在阳光下，伸手待了一会儿，发现手上多出了奶酪和西红柿三明治。植物的神奇程度一点也不比这逊色。它们为自己生产食物。对植物和我们动物来说，食物就是能源。靠着这些自我生产的能源，有的植物长到了令我们头晕目眩的高度，有的寿命长达数千年，还有的如此微小、短暂，几乎无法觉察。植物需要这些能源去自我复制，去繁衍后代。它们延续物种的方式有时非常奇怪，有时还需要借助动物的力量。

植物将光能转化成食物的自然过程，叫光合作用，它是其他一切生物行为的基础。植物通过叶片吸收二氧化碳，用根毛获取水分与矿物质。阳光为产生葡萄糖的化学过程供能，而葡萄糖为植物提供了基础能量。光合作用还产生了一种废弃气体，那就是氧气——所以植物不仅供我们吃，也供我们呼吸。

即使是坚定的肉食主义者，对植物的依赖也不会少过素食主义者。像狮子这样只食肉的物种，和吃草的牛羚一样依赖植物生存。没有草，就没有牛羚，狮子也就失去了食物来源。遍布地球各地，通常滋生在地下的真菌也依赖植物。和植物不同，它们无法为自己供能，需要像我们动物那样直接或间接地从植物中获取能量。植物以日光为食。我们人类是昼行动物，不适应黑暗与夜晚。我们总是把光明视为生命与善良的代表，黑暗则等同于死亡与邪恶。

如果有机会去雨林走上一遭，我们可能会感到些许失落。

直到1984年之前，"雨林"这个复合词还算专业术语。那一年，《活力星球》播出。那是大卫·爱登堡爵士"生命三部曲"的中间部分，三部曲以《生命的进化》为始，以《生命之源》结束。《活力星球》的主题是生态学，这在当时也不是一个常用词。那部纪录片的第四集里，观

众们见识了环绕地球赤道附近的广大森林。
大卫爵士在他的系列书籍里写道："没有什么
地方能比西非、东南亚、西太平洋岛屿，还
有从巴拿马运河往南跨越亚马孙盆地直到巴
西南部的南美洲区域阳光更充足、更温暖、
更潮湿，所以它们成了世界上植物最茂密、
种类最繁多的地方。用专业的说法，这里是
常绿热带雨林，它更广为人知的称谓，就是
丛林（Jungle）。"

但它已经名不副实。在整部纪录片里，
这一集引发了公众最大的兴趣。对雨林生态
多样性的粗浅理解，以及对雨林遭受毁灭的
恐惧，成为 21 世纪公众生活的一部分。雨林
需要被拯救的想法传遍了世界。当你第一次
步入雨林，多少会带有一些期许。你以为自
己会感受到全新的生活方式，会瞬间体验到
物种的多样性，而它们能满足你毕生的梦想，赋予你受用一生的真知灼
见。但事实并非如此。

走进雨林，你会发现自己陷入了阴暗。哪怕在正午时分，雨林底层
也是暗淡的地方。有许许多多虫子会试图与你为伴——所以那些长期在
雨林工作的人都戴防蜂帽——然而你观察不到生物之间复杂的共生关
系，因为它们"高高在上"。你可以听见鸟儿刺耳的鸣叫，却找不到它
们的身影。远处的树冠上传来东西移动的声音，可绝大多数情况下，你
都不知道那是什么，难免会感到失望甚至沮丧。你偶尔也会遇到细细的
阳光，它们从枝叶的缝隙中洒下，那么突兀，又那么明亮，仿佛《圣
经》中提及的奇迹光柱。这时候你抬起头，看到光线如何穿过树冠，会
觉得自己成了《爱丽丝梦游仙境》的主角，被永远关在美丽的花园之
外。你可能会想，要是我能飞就好了，要是我能像猴子一样爬树就好
了，要是我能离开雨林地表，到树梢上去就好了——因为那里有光。

C. S. 刘易斯在《纳尼亚传奇》里说，纳尼亚的土地曾经无比丰饶
肥沃，任何有意无意落下的东西都会生根发芽。铁棍会长成灯柱，硬
币会变成金树和银树，只要一个晚上，埋在地里的太妃糖就会变成太
妃糖树，叶薄如纸，果实甜美。热带雨林和纳尼亚有几分相似，这里
植物生长迅猛，你会禁不住怀疑，睡一觉起来，自己脱下的靴子就长

上图
—
丛林爱好者：1984 年拍摄《活力星球》
期间，大卫·爱登堡造访了厄瓜多尔的
雨林。

出叶子，或者站着不动，身上便爬满附生植物。你会幻想，只要砍掉那些树木，世界上的任何东西都可以在雨林地区成长。可惜事实并非如此。

热带雨林有一种令人沮丧的生态循环：它之所以丰饶，是因为丰饶；它之所以潮湿，是因为潮湿；它之所以充满生命，是因为它充满生命。砍掉树木——就像世界各地正在做的那样——你只会得到贫瘠的土壤。雨林郁郁葱葱的原因并不是隐藏在土壤里的肥力，而是它自身：森林的繁茂使得森林繁茂。这套生态系统已经建立和维持了数百万年。

温暖与潮湿是生命的良好开端。热带雨林之所以生命繁多的另一个原因，在于这里长久以来不曾受外界干扰，物种不断繁衍分化到了令人难以置信的地步：热带雨林仅覆盖了行星地表的 2%，但养活了世界上超过一半的动植物以及真菌物种。有人估计实际数字可能更高，达到了四分之三。当一片栖息地既不受外界干扰，本身物产又丰富时，生物就

下图
-
百看不厌的奇迹：大卫·爱登堡在哥斯达黎加的拉塞尔瓦生物站拍摄雨林。

有机会探索许多让人啧啧称奇的生态位，而为了牢牢地占据这些位置，它们又会演化出各种让人眼花缭乱的特性。雨林里的植物、真菌和动物往往呈现出怪异的形态，以及不同寻常的互生关系。毫无疑问，雨林里还有数以百万计的物种有待发现，它们不仅比我们想象的更奇妙，甚至超越了我们想象的极限。

在不那么极端的环境下，植物的生长会沉积腐殖质，增加土壤的肥力。但热带雨林不会发生这种状况，因为促使生物快速生长的高温和潮湿，也会使得腐殖质快速流失。连绵的雨水带走了富含营养的物质，树木没有理由演化出长长的根系去地下深处寻找养分，因为根本就不存在。相反，这里的植物根系很浅，它们需要从地表吸收树叶和动物分解腐烂后残留的矿物质。失去树木，这个过程就会中止。

植物要存活，必须进行自身的水循环。正如血液在我们的血管里流

12

动，水分也流过了植物的维管系统。负责光合作用的树叶，会以蒸汽形式释放水分。水分被根毛吸收，向上流经植物躯干——有些挺拔的树木树冠甚至可达 80 米——最后排入大气。把雨林所有树木的树叶蒸腾量加到一起，你会得到巨量的水蒸气。这些水会形成云，又化作雨落回林地。所以雨林不仅给自己施肥，也给自己浇水。

很大程度上，雨林是自给自足的封闭系统。它繁茂昌盛的关键在于稳定：人类染指之前，雨林已经存在了 5500 万年，只比最后一头霸王龙消失晚了 1000 万年。难怪游客在阴暗的林区地面抬起头时，会被深深地迷住：相比这森林，人类的文明是多么可悲，人类的生命又是多么渺小啊，在森林黎明前的寂静中，一切仿佛亘古长存。

但实际上，森林一直在变化：如果不变，它就会死亡。森林生态的稳定建立在永无止息的变化之上。就像自行车只有在骑行时才能保持平

上图
-
接触光明：兰卑尔山国家公园树冠层平台上的景色。

13

衡，森林之所以长存，是因为它从未停止运动。这是种不变之变。这套永远运转的系统里，阳光是不可或缺的部分。

让我们回到阴暗中，回到林区的地表。树冠层的封锁下，只有 2% 的阳光能抵达地面。任何从种子开始长起的植物都极度缺乏阳光。没有光，就没有食物，没有生命。那些发了芽的种子只能以缓慢到绝望的速度生长，一株树苗也许得花 10 年才能长成侏儒，这更容易让人联想到荒漠而不是雨林。要是光照充足，它们可能已经在成为参天巨木的半路上了。更糟糕的是，这些幼苗容易遭到在地表游荡的哺乳动物啃食。这日子过得不容易。地球上生物最密集的区域，却无法让地表的植物顺利成长。树木似乎垄断了一切。它们那么高大，吸收了所有的光，不给地表上的其他任何东西留有余地。你要么上到树冠层，要么死路一条。

森林地表到处是无法发芽的种子和长不大的树苗。这种状况似乎会持续到永远：几十年间，桎梏一直存在，幼苗不断枯萎、死亡，种子丧失活力。更多的种子落下，它们中一部分显然没机会生长。

然后，有了光，闪电形式的光。树木催生了云朵，云朵降下时而温润、时而暴烈的雨水。凶猛的雷暴是雨林的日常。那些闪电落下时，总是选择能触及地表的最短路径。就像教堂尖顶和帝国大厦顶部常常被闪电劈打一样，森林中最高大的树木也躲不开这类劫难。森林之王最容易被攻击，它们长得越高，倒下时造成的破坏就越大。据估计，热带雨林中 40% 的大树死于闪电。由这些树木促成的雨云在漫长的时间里浇灌了它们，也最终杀死了它们。

巨木的倒下会在雨林留下巨大的裂隙，但那也是新的机会。它们倒下的地方，潮气散尽，烈日暴晒，遮蔽消失。这就像人打破了温室的所有窗户，沉寂、潮湿的空气也一股脑儿地消失了。这种干燥会引发大火，它们造成的破坏和对森林的清理作用一样巨大。

自然界中不存在纯粹的灾难。毁灭是机遇的同义词。当巨人倒下，野火清理周遭，森林的这块区域就获得了全新的完美开局，犹如拿骰子掷出了两个六。阳光肆意地洒在曾经阴暗的雨林地表，那强烈的热带阳光只会被温暖的夜晚和沁人心脾的雨水打断。雷暴过后即新生。

人类喜欢阳光，阳光让我们更愉悦、更积极、更幸福。如果我们想了解植物的感受，可以把这种感觉放大 1000 倍。再拿《纳尼亚传奇》打比方，这就好像那些被邪恶的白皇后石化了的生物，被狮王阿斯兰一口气复活了。光明，这由闪电送来的生命赐礼，终于占据了主导地位。

右图

—

雨林的潮气令人难忘：马来西亚加里曼丹岛丹浓谷保护区清晨的薄雾。

如同乌龟化作野兔，原本慢吞吞地成长的树苗开始向着太阳猛冲。休眠几十年的种子也焕发生机，变成了新的植物。

机会均等，但赢家只是少数。哪些植物能抢占先机？夺取胜利的最佳策略是什么？是只有一种策略，还是多种多样？这是一场争夺繁衍权的战斗，你只有发育得足够成熟，将种子播撒出去，你的后代才能继承你的基因。取得胜利，就是取得永生，至少让你的基因得以永存。你的大多数近邻，都是你的敌人。简单来说，这就是丛林法则。

一些植物选择"短跑"。其中一个典型例子是生命短暂但不无欢愉的红唇花，这种植物有时候会被人叫作"妓女的嘴"，着实不太高雅。这名字不是指 19 世纪伟大的植物学家约瑟夫·胡克[1]，它更可能出自

---

1 在英文中，胡克（hooker）亦有妓女之意。

左页上图

–

鹤鸵食用各种果实：这里展示了澳大利亚北昆士兰森林中的一小部分果实。

左页下图

–

多姿多彩：不丹南部皇家玛纳斯国家公园的果实与种子。

上图

–

树木被闪电劈导致的每一场死亡，都是成千上万新生命的机会：中非共和国赞加－恩多基国家公园的一场雷暴。

翻页图

–

胜者的大奖：无限的阳光。马来西亚加里曼丹岛的一棵大甘巴豆树从树冠层中钻出。

1970 年的电影《陆军野战医院》里萨莉·凯勒曼扮演的角色"火热红唇"玛格丽特少校。红唇花仿佛在肆意嘲笑那些长得规规矩矩的植物，就像电影《我与长指甲》里蒙蒂叔叔说的，它在"招蜂引蝶"。

红唇花生长在拉丁美洲的热带雨林里，它们发育速度极快，远胜那些有长远抱负的植物。当有巨木倒下，它们就会尽快开花，以近乎疯狂的态度向潜在的授粉动物大肆宣扬自己。这种植物的一切特质都指向了及时行乐：留给它们的窗口期转瞬即逝，周遭更强健的植物很快就要展开阳光争夺比赛。我们总认为植物生长节奏优哉游哉，但这种在时间问题上采用的动物沙文主义式观点需要改变，我们看到生长和开花的红唇花，应该把它理解成冲刺中的短跑运动员，林地里的尤塞恩·博尔特 [1]。

---

1 牙买加短跑运动员，男子 100 米、200 米赛跑世界纪录保持者。

这种植物生长的机会由闪电带来，它们也以闪电般的速度完成了一切。

那甘美的红唇实际上不是花瓣，准确来说，它们完全不是花。它们是苞片，一种变形了的叶子：我们可以在一品红上观察到同样的现象，一品红是一种室内植物，通常在圣诞节期间成长。一品红和红唇花是两个不同的物种，但它们的苞片都伪装成了花朵，它们那么诱人，传粉的动物不可能错过。红唇花的苞片内——双唇之间——开着小小的奶白色花朵，和它们对外打的广告相比，这内里真是朴实无华。蜂鸟和蝴蝶被吸引而来，它们采集花蜜的同时，把花粉带到了下一朵花上。许多植物都会利用花朵雇用动物作为中介，完成同类间的授粉。

一旦受精，红唇花就会结出小小的蓝黑色果实。这些种子被鸟类带往森林其他地方，往往在地下一埋数年，有些种子就这样彻底失去了生命力。但只要大树倒下，森林再次出现阳光照耀的空地，总有一两颗神

上图
–
引人注目的红唇花，因其苞片的独特形状而得名。

奇的种子会发芽，像它们的父母辈一样急切地开花、繁衍。对雨林而言，红唇花的野心不大：要是能长到两三米高，那就已经了不得了，而且它们只能活几年。但是从另一个角度来看，它们的野心和曾经存在过的任何生物一样庞大：成为不朽。换言之，成为某一系物种的先祖，通过不断地繁衍让自身的基因永存。

这种花朵（还有苞片）演化出的"快来看看我"策略，在世界另一端被另一种植物采用。就像红唇花一样，它们也是园艺师的最爱之一。东南亚的蝙蝠花同样是一种低矮的植物，可以在树冠层不完整、阳光稀少的地方生存。这种花色泽暗紫，宽达30厘米，还有70厘米长的"胡须"。认为它们长得像蝙蝠，多少需要点想象力，虽然园丁们很喜欢用它们装点万圣节。在野外盛开时，蝙蝠花发出强烈的"快来看看我"的信号，它们就用这种方式，把那些本来可能醉心于树冠层丰腴美食的授粉动物吸引到自己身边。

红唇花是投机分子，无论是狂野的速度还是绚烂的广告，它们所做的一切都只是为了抓住短暂的窗口期。它们开花、结果、死亡，留下种子等待下一个机会。当红唇花在阳光下度过短暂的光阴时，其他抱负长远的植物正以更为稳健的速度向上伸展。

如果说红唇花是短跑健将，那么森林里的巨树就是马拉松运动员，如此一来，它们就给中长跑运动员留下了位置：这类选手的速度接近短跑运动员，同时又有马拉松选手的耐力。在这类选手中，轻木是佼佼者。

大多数人都见过轻木做的东西，这有助于我们理解它们如何在竞争中胜出。许多模型爱好者喜欢使用轻木，尤其在制作飞机模型的时候。它们可以被轻易地切割、塑造成任何样子。更重要的是，轻木非常轻。在西班牙语里，Balsa 的意思是筏子和漂浮。轻木轻巧柔软到了我们举起它时，会怀疑是不是错觉的地步。轻木看起来是实木，但不对劲：它们太轻，太透气，太容易弯曲、折断了。这东西太过奇特，不像自然产物，倒像人工合成出来的。

这种不像木头的木头，正是轻木的成功之道。通过这种独特的木质，轻木从树苗长成了树木——但又显得半吊子。它们摇摇晃晃，不太能够承担自己的重量，和雨林里那些巨树相比，既不够体格，也缺乏强度。轻木是种不伦不类的树，然而这是一种天才的不伦不类。

热带雨林的其他树木材质坚硬，生长缓慢，成为坚挺的参天大树需要漫长时间。当它们被砍倒时，会露出坚硬的木质部，上面有一圈圈年轮。年轮的间距，切实地说明了它们的成长是多么缓慢：这些树木每年

只会粗上那么一丁点。它们能轻松地承受住自重，以及长达几个世纪的寿命中无数次风暴的摧残。这些树以慢求稳。

轻木却长得很快。当然，这是对树来说，不要拿它们跟猎豹比。大卫·爱登堡在一棵 10 米高的轻木前拍过片子。它只有 1 岁大，同样的树龄，一棵硬木只有几厘米高。这种速度的秘诀在于水分。轻木在吸收水分方面天赋异禀。能让水分在体内流动的植物，被称为维管植物，这让人容易联想到动物体内的血液循环系统。植物通过渗透作用，以根毛吸收水分。尽管没有心脏，这些水分依然能在植物体内流动。它们是怎么做到的？

我们可以做个简单的实验来说明其中的道理。你把毛巾挂在浴缸边，底部浸水。几小时以后，整条毛巾都湿了。我们通常说这是毛巾在吸水。当我们经过湿润的草地时，沾在裤子上的露水会抵抗地心引力，不断朝着裆部扩散。同样的机制也作用在植物上：只要管道够细，水分会通过树皮内侧或者木质部往上爬。这是分子间的作用力使然。

32

上图
—
长在植物上的植物：树冠层的斑马凤梨。
厄瓜多尔提普蒂尼生物多样性考察站。

对我们这些习惯了重力的人类而言，形同奇迹。

轻木非常善于吸收大量水分，并将它们输送至细胞组织内部：所以轻木内部满是微小的孔洞。这种松散的结构使它得以快速生长。热带雨林中的游客有时会觉得自己能听到树木生长的声音，而轻木，它的生长几乎肉眼可见。

轻木不是一种大树，它也不想成为大树。和周围那些耗费漫长时光才成长起来的邻居相比，它很脆弱。然而轻木只用几年时间，就能长到30米高，触及树冠层。它急于成长，急于繁衍，节奏快过森林里的其他所有树种。

轻木成熟时结出的果实不像其他树木那么多，但它懂得选择时机，避开竞争。每年的旱季，大多数树木会节约能量，放缓生长速度，通过落叶来减少水分流失（就是这些树叶的蒸腾作用促成了雨林地区雨云的诞生），这时候就轮到轻木来表现了。它会贪婪地从土壤里吸收水分，绽放花朵。那并不是雨林中最壮观的花，但对林中生物有着莫大的吸引力。因为这个时节，轻木花是许多动物唯一的选择。

轻木绽放的白花很大，因为吸收的水分很多，轻木可以为访客尽情供应花蜜，就像盛放在 2.5 厘米高的碗里。旱季的每一棵轻木都是一片小小的绿洲。每棵轻木都能在 6 周内开出 2500 朵花，花蜜总量约 68 升，足够装满家用汽车的油箱。这些花朵在傍晚绽放，而很多生物会在夜晚刚刚降临时赶来。为了结出果实，轻木需要异花授粉。换句话说，从另一棵轻木的花朵中获得花粉。有 15% 的花朵会自花授粉，但结不出什么好果子来。为了完成异花授粉，轻木需要忠心耿耿的动物为自己干活，它们闻着花蜜和花粉而来，在大快朵颐的同时完成轻木的需要。花粉内含有雄性生殖材料，它们必须从雄蕊（花朵的雄性生殖器官）移动到雌蕊（雌性生殖器官），以实现植物的繁殖目的。当我们继续这趟植物生命之旅时，会一次又一次地接触到花粉。在人类看来，许多动物的性行为都显得复杂、奇怪，甚至反常；植物也是一样，植物将花粉从雄蕊送达雌蕊的方式多种多样，这让人不禁想了解它们是如何发展成这样的。这个问题的答案始终只有一个：时间。那不是我们能直观地理解的时间，比如，几天、几周或者人的一生，而是"深度时间"：它的复杂性不是人类大脑所能直接衡量的。你不会看着一棵轻木说：这棵树显然需要借助植食和杂食性动物的卷缠尾与长舌来实现自我繁衍。但这就是事实。

到底是什么生物造访了那些盛开的花朵，在享用花蜜的同时，高效地完成了授粉任务？传统上，科学家们认为是蝙蝠。这是个很有见地的观点，但难以得到证明：毕竟你很难在雨林树冠层过夜观察动物。好在科技的进步让我们可以看到远处正在发生的事情了。研究人员发现，蝙蝠确实会造访轻木花，啜饮花蜜，然后带着少量花粉飞走。但你可能会问，要高效地授粉，这么些花粉真的够了吗？

没错，最近的研究发现，轻木还有另一个更为狂热的授粉动物，那就是蜜熊——一种生活在拉丁美洲雨林里的小型哺乳动物。你可能想象不到，它们居然属于食肉目，它们和熊猫一样，是以素食为主的食肉动物——在分类学里，这并不矛盾。蜜熊在夜间活动，这是躲避角雕等掠食动物的最佳时段。当它们在旱季夜晚活动时，会发现轻木为它们友善地绽放了花朵。

蜜熊不是严格的素食主义者，它们不介意吃点鸟蛋、雏鸟以及其他抓得着的小型脊椎动物，但它们的主食是水果，而在水果稀缺的时节，它们会选择轻木花。轻木花能提供食物和花蜜这种美味的能量饮料。蜜

翻页图

-

慢慢悠悠：哥斯达黎加特诺里奥火山国家公园里的一对褐喉三趾树懒母子。

34

熊长达 12 厘米的舌头让它们能方便地取食。旱季的花朵会招来大量蜜熊。为了争夺资源，它们彼此大打出手，结果花粉覆盖满身。甚至仅仅是从花杯里喝蜜，它们也会沾染上不少花粉。

蜜熊是树冠层居民：树木是它们的家，它们也很适应这种环境。它们有长长的卷缠尾，可以像第五肢那样牢牢抓住树枝，这极大地扩展了它们的活动范围。具有卷缠尾的食肉动物仅有两种，另一种是熊狸，它们在东南亚的森林里占据了相近的生态位，不过饮食比例中肉食成分更高。

蜜熊和轻木之间的关系使得双方都大受裨益，这是物种随时间发展出相互依赖关系中的一例。失去对方，彼此的生存都会遇上困难。

但轻木不会把注都押在一个地方。蜜熊是最重要的授粉动物，它们会携带花粉，短途移动到另一棵轻木上。蝙蝠尽管来得没那么经常，携带的花粉也没那么多，但它们能去相隔遥远的另一棵树授粉。

有了蝙蝠和蜜熊的协助，轻木在雨林的中长跑比赛中表现优异。它选择的竞赛方式颇为反常，好像故意跟其他树反着来：它木质不坚硬、在旱季开花、脆弱。它就像是其他树木的拙劣仿品，然而它成功地创造了一个新的生态位，而任何能成功繁衍后代扩大种群的植物或其他生物，都是自然演化的胜利者：这就是生命的运行方式。

你可能认为，轻木这种投机分子会给周围其他认真生长的树苗带去威胁，原本能长出参天巨树的地方，最不需要的就是一棵枝繁叶茂的轻木。但事实完全不是这样。虽然树冠层的缺口为黑暗的地表带去了光明，但同时也创造了残酷的环境：这里比周围更干燥，风势更凶，而且对许多娇嫩的幼苗来说，阳光暴晒得过度了。这些都是不利于生存的条件，但幼苗只要成长在轻木树旁，就能获得更好的生存机会。快速成长的轻木树可以为它们提供阴凉，遮风挡雨，还在一定程度上保护它们免遭游荡在森林地表的食草类哺乳动物的戕害。

类似的现象在树木大量生长的地方随处可见，你可以称它们为保姆树：照看其他植物的树。它们可能会让你感触良多，但事实上轻木只是在追求自己的利益，这点上蜜熊也是一样，而那些大树的幼苗，也是在利用轻木的迅猛生长为自己谋求更长远的利益。

轻木活不了太久，年过 30 岁就算长寿。轻木倒下时，它们留下的不再是落叶散乱的地表，而是一群急不可耐的树苗。直到这时，年幼的巨人们才真正开始争夺高空，弥合树冠层的裂隙，直到另一场猛烈的风暴击倒森林某处的巨人，让一切重新开始。

从大树倒下，到树冠再次闭合，植被完成了一轮更迭。这法则并非热带雨林独有，你可以在任何环境中观察到。你盛一碗水放上几周，也可以观察到植物不断更迭，直到出现所谓的顶极植被。当然啦，对一碗水来说，那看起来就像绿色的浮渣。如果在英国的低地平原做同样的试验，你最终会得到一片树冠封闭的橡树林（尽管这还取决于植物与这片环境，以及与这片环境中的动物发生的互动）。当林中有树木倒下时，会引发一系列植物的生长与更迭。回到中南美洲的雨林，红唇花这样的先驱会被快速生长的轻木取代，到树冠层封闭的顶级植被阶段，你可以找到巴西坚果树、木棉树和有着支撑根的龙脑香树这类大树。

上到树冠层，你就来到了叶子的王国。雨林树叶之多，完全是天文数字。树木的工作是生产树叶，而树叶就是生命。树叶吸收的阳光，正如我们所知，是生命之源。树叶越多——或者用更准确的说法，树叶能吸收阳光的表面积越大——对我们的行星就越有利。树叶还吸收二氧化碳，释放水和氧气。植物的排泄物是我们动物生存的必需品。事情就是这么简单明了。

既然树木的工作是生产树叶，那么它们成功的关键就在于尽可能向着阳光伸展。从这个角度来看，植物也是动物的对立面。我们动物为求安全，身体组织紧凑，由皮囊包裹，只把感知、进食、代谢和生殖器官外露。当然，动物需要活动的肢体，许多动物甚至拥有翅膀和

尾巴这些从身体中央向外延伸相当长距离的肢体。但总的来说,我们追求的是内部最大化。植物的法则刚好相反。当你在树冠层上观察雨林时,能明显看出植物的成功需要它们最大限度地向外生长。镜头里的大卫·爱登堡站在一棵雨林大树下,20年前,他还是个70岁的"年轻人"时,曾经借助绳索攀爬过这棵大树。他回忆着当时的辛劳,还提到这样的一棵树每天得把2吨水从根部输送到树冠。

正是通过这种方式,植物最大化地吸收阳光,并通过光合作用将它们转化成了食物。问题在于,这种做法也会导致自身的脆弱。你拥有的外部资源越多,越容易遭到其他生物利用。在我们看来——实际上也是——对植物加以利用似乎是再自然不过的事情,但从植物的角度看,无异于遭到了攻击。树叶被吃,树木光合作用能力就降低。被吃掉的树叶越少,树木就长得越好,所以植物演化出了防御机制,而那些植食动物则必须演化出攻克防御的方法……这是一场宏大的军备竞赛,它在热带雨林里已经持续了5500万年。

树叶又硬又苦,难以消化,但有动物绕过了这个问题。三趾树懒就是其中之一。这种动物的天才之处在于动作缓慢。现存的三趾树懒一共4种,全都生活在拉丁美洲的热带雨林里。它们的动作出了名的慢,可能每小时只能挪0.25千米。在人类这种生活节奏不同的动物看来,这似乎很滑稽,然而对树懒来说,慢不是缺点,而是行之有效的生存方式。

缓慢的生活节奏让树懒可以在肠胃里储存大量咀嚼过的树叶并慢慢消化。它们的胃里有四个消化室,能最大限度地吸收树叶的营养。要是树懒四处蹦跳燃烧热量,那这套系统起不了什么作用,但树懒总是慢吞吞的。你只要静止不动,消耗的热量就会降低,而树懒可以一天睡上15～20小时。树懒可以挂在树上它最喜欢的位置,用你想象得出的最悠闲的速度慢慢消化食物。尽管吃饱的情况下,它的胃部可以占去全身重量的三分之一,但其他器官不会被胃部压垮(这种情况会在过度

肥胖的人类身上发生),这是因为它的胃、肺、肾和其他器官都附着在肋骨下部或者盆骨带上。

一片树叶需要一整个星期才能穿过树懒的身体。阳光在这个过程中也帮了忙:树懒会翻身晒肚皮,让阳光温暖体内的微生物和细菌,加快消化速度——当然这只是树懒的速度。树懒的生活原则和其他哺乳动物相反,它冬天吃得少,夏天吃得多。实际上,一只肚子里满是树叶的树懒,可能会在热带雨林降温时饿死。

树懒的生活方式在我们看来非常独特,甚至拿七宗罪之一的"懒惰"来给它们起名。但利用森林和树木的防御机制,它们可以慢慢悠悠地活上30年。

切叶蚁采取的则是另一种生存策略,它们讲究速度。切叶蚁的下颌能每秒钟开合1000次,这让它们切割树叶的速度快得如同手术刀,而这机制之所以行之有效,是因为树木一时半会儿反应不过来。

也许讨论树木的自我意识还为时尚早——毕竟这离给每棵树一个拥抱,还给它们取昵称只有一步之差——但倘若一个生物会对不同的刺激做出不同的反应,那我们就得假定它存在意识。公园里你最喜欢的那棵栗树不太可能了解你对它的欣赏,然而肯定清楚秋天的到来,因为它开始落叶子了。同样的道理,它也知道春天,因为那时候它又开始长叶子了。树木还能意识到自己正遭受攻击,哪怕它们没有中枢神经系统或者推理能力。

我们可以把这种反应视为一种基础的生存经济学。如果牛羚群每次看到狮子都撒蹄狂奔,可能跑到死也没机会休息和进食,所以它们采取的策略是在进食的同时,和狮子保持一段安全的距离。同样的道理,当树叶被吃掉时,树木能生产毒素并将其注入树叶以求自保,和牛羚奔逃一样,这个过程会消耗树木储存的能量。如果每被碰一下它们都疯狂地分泌毒素,那就无法为生长提供资源了。所以,树木会等到一片叶子遭到超过20%的伤害后再行动。

面对这种防御机制,切叶蚁演化出了最优雅的应对

办法：只切下叶子的 19%，然后就转移到下个目标。尽管不能将这种行为简单地归结为思考和计算，但切叶蚁确实干得漂亮。如果愿意，你可以说这些蚂蚁在愚弄树木。当然，你也可以反过来说这是树木的成功，因为它们把损伤控制在了可接受的范围内，毕竟即使是一片残损的叶子，依然维持了至少 80% 的光合作用效率。

不过，与其把树和蚂蚁的行为人格化，不如认为这是一种自然平衡。树木和切叶蚁并不对彼此抱有感情，可它们依然能生活在同一个地方：蚂蚁得到了它们需要的资源，同时不会给树木带去灾难性的影响。

剩下来的问题是怎么处理坚硬的树叶。切叶蚁给出的解决方案令人吃惊。这需要它们拥有极其复杂的生活方式。伟大的演化生物学家爱德华·威尔逊也是蚂蚁专家，他说切叶蚁是地球上"除了人类之外社会性最复杂的动物"。这论断相当大胆，所以让我们细看这些蚂蚁。

上图
–
沉重的负担：一只切叶工蚁带着巨大的碎叶回巢。

拉丁美洲热带雨林里的切叶蚁超过 40 种，生存方式大同小异。它们生活在能容纳 800 万只同类，有网球场那么大，两层楼高的地下巢穴里。这个巢穴以一只蚁后为核心，它是巢穴里所有蚂蚁的母亲，一天能产下 3 万颗卵。蚁后可以活 12 年，从不离开巢穴，它的一生能产下 2 亿颗虫卵。

切叶蚁的形象很出名，它们举着碎叶成列前进，犹如拿着横幅的游行示威者。它们是辛劳工作的代表，就像《动物庄园》里的鲍克斯，仿佛每只蚂蚁都起过誓：我要更努力地工作。蚂蚁是了不起的搬运工，可以带着与体重相等的重物前进，而且总能送到目的地。

这真是迷人的场景：看不到尽头的蚂蚁队列，每只都带着它的战利品——这些工蚁均为雌性——返回地下巢穴，为蚁群提供养分。然而巢穴里实际上没有一只蚂蚁以树叶为食，因为它们吃不了。树叶过于粗糙坚硬，不是小蚂蚁们消化得了的。实际上，切叶蚁把碎叶当成肥料。它们在巢穴黑暗的深处建造花园，用碎叶培育了富含蛋白质、容易消化的真菌，真菌喂饱幼虫，而幼虫决定了蚁巢的未来。

这套复杂的社会系统必须有劳动分工才能实现。巢穴里的每只蚂蚁都是各自领域的专家，但这里没有通才：切叶蚁的社会不需要文艺复兴式的个体成员。我们先看觅食蚁，它们出没在野外，是我们看得见的蚁种。这类蚂蚁负责探索巢穴周围，寻找合适的树叶。这些叶子必须没有毒害，适合它们的地下花园。它们以碎叶为旗，返回巢穴吸引更多蚂蚁，还在路途上留下一串化学物质以供其他蚂蚁跟随。这样，它们就能充分地利用新发现的资源。

有一种寄生蝇会在觅食蚁头上产卵，蝇卵孵化的幼虫会钻进蚂蚁体内杀死它们，所以在这些搬运碎叶的蚂蚁附近，通常安排有守卫。守卫需要保护觅食蚁免遭威胁，而它们在返程的时候会爬上碎叶，增加受保护者承受的重量。有些切叶蚁会选择让体形小巧到没法被寄生的觅食蚁上白班，到晚上才派体形更大、效率更高的觅食者出动。

巢穴内的工蚁需要在地下从事许多困难而复杂的工作。其中园丁负责打理真菌花园，同时扮演保姆，照顾虫卵、幼虫和蛹，这些保育区一般位于花园周围的隧道和穴室内。

另一批蚂蚁则担任挖掘工，不断为庞大的蚁群挖掘和维护巢穴内的隧道与穴室。它们会碎出一些穴室专门存放废弃物。由于庞大蚁群容易受疾病影响，巢穴卫生状况至关重要，所以有些蚂蚁只负责一件工作，那就是处理废弃物。这是种隔离措施，让它们在从事肮脏但重要的清理工作时，把疾病带给蚁巢其他成员的概率降到最低。这些清洁工会避免与真菌花园、保育区和保姆接触，更不用说蚁后——如果蚁后死了，整个蚁巢都将衰亡。所以蚁群为了保护自己的健康，专门创造了这个"不可接触者"阶层。

最后让我们来看看兵蚁，它们是蚁群中个头最大的工蚁。兵蚁只负责守卫蚁巢入口和小径。能把专业化细分到这个程度的，仅有切叶蚁一家。当然也有其他种类的蚂蚁从事真菌培育工作，然而它们能互换工种。可以说，切叶蚁将动物的社会组织提到了一个更高的层次。

不过这整个系统，都仰赖其中最不显眼的部分：真菌。在蚂蚁的饲育下，它们成了森林里最大、最高效的植食生物，一个大型蚁巢内的真菌每天需要消化 50000 片树叶。蚂蚁为真菌劳动，为真菌收集食物，为方便真菌消化而将叶片精心切碎，并且时刻保护着真菌。这个庞大而复杂的社会为了真菌而演化。

切叶蚁向我们展示了雨林生活多么复杂。在雨林这种长期稳定的生态系统里，必然存在依赖和相互依赖的关系，任何问题都没有简单的解决办法。雨林中的一切都与争夺阳光有关，毕竟，一切始于光明。切叶蚁发展出了一套利用这自然法则的方式，在人类看来，程度近乎作弊，而世界上最大的花朵也不遑多让，它甚至打破了植物必须接受光照的法则。

莱佛士花，即大王花，得名于 1819 年在新加坡建立英国殖民地的
斯坦福·莱佛士爵士。这是种不进行光合作用的植物，但和我们前文所
说的内容没有任何矛盾：这种植物乐于让其他植物进行光合作用，它只
是从中小小地利用了一下。换句话说，它是种寄生植物。已知的大王花
有 28 种，全都来自东南亚，靠吸收树木和蔓藤的养分为生。这些蔓藤
本身也是寄生植物，至少从攀附结构层面来说如此。它们不直接吸取树
木的养分，但把它们当作了攀爬的支撑物。为了利用树木来获得阳光，
它们甚至可以长到 1 千米长。一旦爬上树冠，它们就可以享受到明媚的
阳光：当你俯瞰雨林时，其实 60% 的树叶没有长在树枝上，而是长在
了攀附于它们的藤蔓上。

长在藤蔓上的大王花，可谓寄生植物的寄生植物。多数情况下，
这株植物你看得到的部分就只有一朵花，而且是朵怪物一样的花。有
些种类的大王花直径 1 米，重 10 千克，世界纪录则是 1.2 米。这可不
是你能别在纽扣孔上的花。（巨花魔芋是大卫·爱登堡 BBC 系列《植
物的私生活》里的明星，它比大王花更大，但它不是单独的一朵花。

确切地说，巨花魔芋是不分支花序，包括了许多朵花，只是看起来像一朵。）

大王花不是最吸引人的花，至少对人类来说不是。不管看起来还是闻起来，它们都像一坨烂肉。苍蝇和甲虫才是大王花吸引的对象，这些动物在森林地表层大量活动，当它们徒劳地在大王花里寻找腐烂的肉时，无意间完成了授粉工作。热带雨林到处是稀奇古怪的生物，它们有的小巧玲珑，难以被注意到；有的则宏伟壮观。20 世纪 60 年代，当你走进伦敦自然历史博物馆时，看到的第一样东西就是大王花，它是地球最伟大的自然宝库之一的完美介绍。

也许任何与植物相关的纪录片都应该把真菌奉为明星，而不是植物——因为没有它们，植物很难存活，也不会长成今天的样子，但真菌就像出现在片尾长长的演职员表里的那些人：肩负对大多数观众来说晦涩难懂的职责，对最终的成品至关重要，却几乎不会出现在屏幕上。听到"真菌"这个词的时候，出现在我们脑海里的多为真菌的子实体，比如，蘑菇、伞菌这类，但这就好比混淆了橡子和橡树，其实真菌在大部分状态下呈纤细的白色丝线状，在土壤里爬行、分裂。和我们动物一样，真菌无法为自己生产食物，它们也是纯粹的消费者。但真菌在自利的同时，也帮助了植物。雨林中的真菌以地表的动植物为食，并将它们吸收的养分反过来供给植物，帮它们生长。伟大的森林生态循环，就建立在真菌解锁的资源宝库上。多数情况下，这种过程会给真菌和植物带去双赢，这也是人类观察者乐于见到的互惠关系，但我们很快就会讲到，大自然并非总是如此和谐。

森林里的菌丝扮演了辅助根系的角色：它们从植物生产的碳水化合物中获益，也帮植物更好地吸收水分和养分。菌丝构成的网络连接起了森林中一棵又一棵的树。当某棵树遭到攻击，它能够通过菌丝网将一种化学信号传递给其他树。我们可以把这种网络叫作"树联网"。

热带雨林中一些真菌的子实体会在黑暗中发光，看起来鬼影森森。我们尚不清楚真菌这么做的原因。有时候，这些光足够照亮一整棵树。我们在哥斯达黎加给一棵树拍了照，它仿佛从内部发着光，但实际上那些光全来自菌丝。这种现象令人费解，可热带雨林的谜团无穷无尽，不差这一个。

生活在温带的我们，难以想象生命在潮湿的热带地区到底多么繁茂。甚至在那些高海拔寒冷地区，植被种群都发生改变的地方，生态复杂性依然得到了延续。基纳巴卢山位于加里曼丹岛，海拔超过 4000 米，

当你向着山顶前进时，周遭的典型雨林会一步步发生改变。基纳巴卢山之旅更像一场艰苦的徒步，而不是登山运动。离开低地森林后，你会进入以橡树和栗树为代表的低山地林，接着抵达到处是苔藓的高山云雾林，最后朝着亚高山草甸和山巅接近。随着海拔升高，资源逐渐匮乏，生态系统的繁盛程度随之下降。成为食肉者是解决营养短缺的方法之一，这个概念迷住了从查尔斯·达尔文到恐怖电影创作者的无数人。是的，基纳巴卢山的植物，会捕食昆虫来获得所需营养。

基纳巴卢山的两个山地带上长着 10 种猪笼草，它们用笼蔓边缘的花蜜吸引昆虫，当昆虫前来时，会落在滑溜的斜坡上，它们抓不住笼蔓边缘，只能跌向下方。捕虫笼底部不是花蜜，而是充满了消化酶的液体。不过，也有一种猪笼草对此进行了改良，故意让那些喝花蜜的虫子离开。

一开始，它们是正常的食虫猪笼草，但食虫意味着吃了上顿没下顿，营养获取非常不稳定。所以这些猪笼草植株会在成熟后改变形状

组合图：多数时候，真菌生活在我们看不到的地方，但它们在每一片雨林的生态中都扮演了重要角色，让雨林的繁茂昌盛成为可能。

左图
—
马来西亚加里曼丹岛丹浓谷的盘菌。

右页左上图
—
有些真菌的生物光被称为精灵火或狐火，它们在非洲一些地方还被叫作猩猩火。

右页右上图
—
阳光下的同一片真菌。

右页下图
—
哥斯达黎加奥萨半岛的一些菌丝正在生长、吞噬腐烂的树叶。

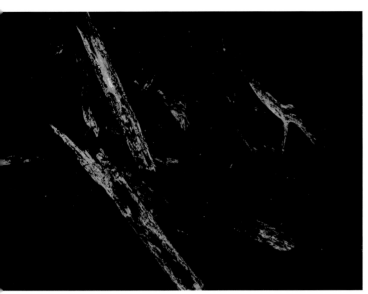

和生活方式。它们长出了不太一样的笼蔓，发挥的作用也大不相同。木质素能提高植物的结构强度，而这种猪笼草会在木质素的作用下变得更加庞大，它们的笼蔓会发育出有一定倾角的盖子，不再吸引昆虫，但这种植株形状和藏在其中的花蜜——它们比周围的其他猪笼草分泌更多的花蜜——对小型哺乳动物，尤其树鼩而言非常有诱惑力。

人们一度认为这种猪笼草的目的是诱杀树鼩，然而摄像机显示了真相。只见树鼩进入盖子下方，畅饮了一番花蜜后安然无恙地离开。直到这时，人们才发现了这种植物的巧妙构造：树鼩必须把屁股悬在猪笼草中央才能喝到花蜜，而它们这么做的时候，会经常性地排便，为猪笼草提供富含氮的营养源。

这种猪笼草并非盲目地寄希望于树鼩偶然的排便，而是有几个理由。首先，所有树鼩的代谢速度都很快，它们需要不停地进食，食物

上图

马来西亚加里曼丹岛基纳巴卢山山坡上，一只山地树鼩正在享用猪笼草花蜜。

右图

食物换住所：哈氏彩蝠仅重 4 克，它们白天会钻进猪笼草以求保护；与此同时，猪笼草从它们的粪便中汲取营养。

穿过某些树鼩的肠胃只需要十五分钟，最慢的也就一个钟头。这让猪笼草获得养分的概率大增。其次，它们的花蜜中含有促进排泄的成分，迫使树鼩对它造访的植物施以恩惠。为了自己的利益，猪笼草操纵着树鼩的肠胃。

物种间的互惠共存有时会让我们认为大自然是仁慈的，然而大自然既不仁慈，也不恶毒，我们无法从道德层面评判它。大自然只不过是那些想要活下去并且繁衍后代的有机体的聚合。当然，地球上也许找不出另一个地方，能比热带雨林更适合展示达尔文所谓的"物竞天择"。在打理得漂漂亮亮的英式花园里，我们不太容易注意到万物的生死紧密相连。然而一些环境下隐秘而微妙的事件，在另一些环境下会直接呈现出来。

澳大利亚大部分地区位于热带，南回归线刚好从这个巨大的岛屿大陆中穿过。发生在澳大利亚昆士兰州顶端热带雨林里的生存竞争，可能

上图、右图
—
奇怪的组合：澳大利亚昆士兰北部的群辉椋鸟和见血封喉。

会让你不是滋味。我们知道，雨林总是有封闭的、高度基本一致的树冠层，其中点缀有比其他树还要高一头的大家伙。我们把这些巨木称为露头树，这种说法不浪漫，但准确。见血封喉是一种典型的露头树，它对群辉椋鸟有特殊的吸引力——根据光线不同，这些鸟看起来可能灰扑扑的，也可能光彩夺目。见血封喉的分布相当广泛，一些部落会利用它们的毒汁来制作飞镖和箭。

群辉椋鸟在新几内亚和澳大利亚之间迁徙，澳大利亚是它们的繁殖地。这些鸟儿喜欢群聚，所以会在傲立于林间的见血封喉上筑巢，鸟巢上千的情况也并不鲜见。见血封喉的优点不止高耸，还在于树皮光滑，让蛇类难以攀爬：蛇的移动需要反向推动身上的鳞甲，如果无法附着，自然无法前进。

鸟群在树上筑巢，这听起来像自然和谐的绝佳例证，其实却是赤裸裸的生存竞争。游客来到这里时，注意到的第一件事会是成千上万只鸟儿排出的粪便带来的恶臭，第二件事则是对许多生物来说，这数以千计的幼鸟意味着丰年：就像我们收获结满果实的果树，生命的爆发必然得到利用。见血封喉和一群筑巢的群辉椋鸟会对生态系统造成巨大影响。生命的爆发总是伴随着死亡的爆发：坠落地面的鸟巢和雏鸟吸引了蛙类、蟾蜍、蛇类、猛禽和野狗，还有许多无脊椎动物，比如蜈蚣和飞虫会来树下觅食。见血封喉周围的动物种群密度是林间其他地方的 100 倍，有时甚至能达到 1000 倍。

哪怕在群辉椋鸟离开之后，丰饶仍将持续：肥沃的土壤使落在这里的种子快速发芽、成长，带来凤头鹦鹉、灌木火鸡和猪这类喜欢吃植物的动物。但这种状况不可能永远持续。在群辉椋鸟筑巢后的短短 15 年内，不断积累的粪便会杀死这棵大树。随着它的倒下，林间出现缺口，为生命创造出另一个契机。生与死，死与生，它们密不可分，是同一件事的不同面相。

类似见血封喉的露头树，是雨林中的明星。它们一旦在竞争中胜出，就能竭尽所能地获取阳光，这反过来进一步巩固了它们的地位：因为长得高，所以它们能长得更高；因为能为自身制造食物，所以它们能为自己制造更多食物。

它们下方的树冠层，环境更加凶险。这里的每棵树都得和邻居竞争：它们在地下争夺水分和矿物质，在顶端争夺阳光。不过，就像酒吧混混彼此斗殴，结果谁都享受不到美酒那样，这些树挨得太近也讨不到好处。如果不得不把枝杈硬塞进邻居的阴影里，能获得的阳光反而会减

少，降低了对资源的有效利用。所以，它们创造出了彼此尊重的传统，一种基于每棵树福祉最大化的规则：树冠层的树木各自后退一步，为彼此留下私人空间。和你猜想的一样，这种叫作树冠羞避的行为与阳光密切相关。位于光谱红色端的阳光为植物的成长提供了最大的动力，而树叶在遭到遮蔽的情况下只能获取红色不足的光。树木能感受到光线质量的变化，并由此推导出邻居的位置。到最后，树与树保持了一定的社交距离，这对彼此都好。

　　然而露头树不用担心邻居。东南亚的雨林里，80%～90%的露头树都属于龙脑香科，它们的名字 dipterocarps 意为"双翅果"，源于它们仿佛长了翅膀的种子。听到"雨林"这个词语时，我们首先联想到的正是这种植物。它们庞大的树干仿佛得到了飞扶壁的支撑，那些从树干上长出的支撑根向外伸展，牢牢维持着巨树的平衡，也正因为如此，它们长得比其他树都高。

　　仰视这种树，你会感到脖子发麻，接着自然而然地问：它凭什么长这么好？龙脑香——它们有将近700种——确实比它们的邻居生产了更

多的木材。和世界另一边的轻木一样，尽管它们从来都不是开拓者，但长得很快。而且它们还活得很久，绝没有过一天算一天的意思。龙脑香树成功的奥妙可能在于它们和菌根真菌紧密的联系，这些菌丝生活在土壤里，会包裹住树根。这种共生关系也许有助于植物更好地吸收真菌带来的养分。

那些特别大的树，如成为露头树的龙脑香，会成为众生关注的焦点。当它们的果实成熟时，没有谁会错过。成为露头树，就等于向所有以种子为食的森林生物发出"来吃我"的信号。从这个角度来说，它们反而会因为自身的宏伟而遭受损害。

对于这件麻烦事，龙脑香树给出的策略是一不做二不休，干脆让问题变得更加突出。每隔七年，龙脑香树都会结出丰硕的果实。不止一棵树，而是所有龙脑香树都会在同一年大量结果。于是乎，每隔几年，雨林里都会充满龙脑香树果实，数量多得无论果食动物多么努力，也无法把它们全部解决。这种现象被称为大年结实。我们在寒冷地区的橡树上也能观察到同样的现象，只是程度没这么夸张。为了彻底填饱食果动物之腹，它们结出了比平时多得多的果实。当然，任何策略都有其代价，树木可能在漫长的大年间死去，但它依然是有效的策略——前提是这种植物足够强壮，数量也足够多，能满足食果动物的需求。

龙脑香树大量繁衍的策略下，许多落下的种子生了根发了芽。哪怕长着翅膀，许多种子也飞不远，而是落在了树旁，它们中的许多成了须猪的口粮。龙脑香树对须猪而言至关重要，为了和龙脑香树同步，它们的生殖繁衍周期调整到了七年。吃完果实的须猪会四处走动、排便，完好无损的龙脑香种子就从粪便这种肥料中发芽、生长。

为期七年的大年间隔期中，死亡的威胁不可小觑。当你凌驾于他人之上，占尽优势时，自己也会变得脆弱。这种脆弱不仅来自龙脑香树的高挑，也来自其他树木释放到空气中的水分。人们发现数量稀少的露头树为整个生态循环系统贡献了不成比例的大量水汽。正如我们看到的，这些水蒸气导致了降雨，还有伴随雨水而来的电闪雷鸣。因为闪电会寻找最短的下落路径，露头树成了它们主要的攻击目标。对世界各地雨林中最高大的树木来说，成为露头树也会招来厄运，胜利之时即毁灭之始。

在人类伐木工看来，露头树无疑是最值得砍伐的目标，但露头树的倒下也会给森林其他地区带来影响。这是种双重的干燥过程。首先，对雨林降水循环贡献最大的树木遭到了清除；其次，砍伐留下的空隙会导致周遭林地变得干旱。

我们人类天然倾向于误解雨林。雨林的本质似乎很简单，不过就是个有很多树，树上树下生活着许多动物的地方。可我们无法理解它到底多么复杂。你用来玩纸牌接龙的电脑好像也很简单，实际上却不是这样。不小心洒杯水上去，电脑就会遇上大麻烦。

雨林的遭遇也是如此。认为雨林是个简单的概念，我们就无法正确地看待其复杂性。被切得支离破碎，这里留一点，那里留一块的雨林，和真正的雨林是不一样

的。我们已经看到了森林如何自我修复：巨树倒下，植物中的短跑运动员先发，轻木这种中长跑运动员短暂地繁茂一阵，然后被新的巨树接管，空缺的树冠层得到修补。森林似乎能靠着自身和阳光维持动态的永恒，成为活的永动机。大树倒下并非灾难，而是循环的一部分。森林会自我愈合，就像我们受了伤，创口也会弥合。

但当森林被切碎时，这个进程就不会再发生了。雨林的边缘是整个系统中脆弱的环节，当整片雨林都成为边缘时，它的脆弱程度可想而知。迄今为止最诡异和恐怖的森林砍伐问题由此而生。银叶山蚂蟥是马达加斯加的一种豆科植物，它简直像是蝙蝠侠最可怕的敌人——小丑。

这是个入侵物种——我们会在本书的最后一章更多地讨论该话题。现在我们说回这种原产于拉丁美洲，因为富含蛋白质而被驯化，作为饲料的植物。和豆类、豌豆类植物一样，它被归进了豆科。银叶山蚂蟥不但在热带地区长得很好，还耐寒甚至耐霜冻。它往往是一年中最早成熟的植物之一，通常作为牲畜轮牧时的食物，也可以被收割作为干草饲料。如果环境适合，管理得当，它会是非常优秀的作物。

右图
-
棕榈油是上千种商品的原料之一，加里曼丹岛半数雨林都种植了油棕。

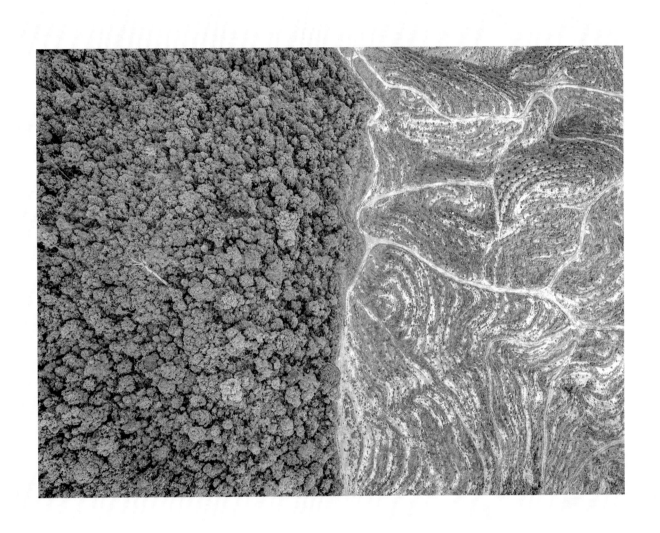

组合图

左上图
-
支离破碎：加里曼丹岛雨林现在与油棕种植园大量接壤。

左下图
-
倒下的大树：砍伐于喀麦隆东南部。

右上图
-
陷入困境的动物：马达加斯加射纹龟常常作为食材和异国宠物而遭到捕猎，它们的森林栖息地也在遭到破坏。

右下图
-
曾经满是雨林：马达加斯加的雨林如今只剩曾经的十分之一。

但在马达加斯加，银叶山蚂蟥泛滥成灾，它们在一些地区统治了原生植被。作为一种多年生藤蔓植物，它们可以长到几米长，攀着当地的原生植被和它们争夺阳光。它的种子还带了钩爪，容易粘在路过的哺乳动物毛发，以及人类的衣物上扩散开去。马达加斯加是个温暖潮湿的环境，银叶山蚂蟥也不用担心受寒死亡。它们可算是进了宝地。

银叶山蚂蟥还有一种防御机制，它们的茎秆长有纤毛，能阻止小型动物伤害自己，而这些钩状纤毛让问题变得更为严重。马达加斯加的湿热和无处不在的植物结合在一起，使银叶山蚂蟥成了死亡使者。这么说并不夸张：青蛙、变色龙、蝙蝠、昆虫还有其他许多夜间出没的动物常常被银叶山蚂蟥卡住，只能绝望地被太阳活活烤干，动物们维持着生前最后一刻痛苦惨状的尸体则成了银叶山蚂蟥的战利品。这就像来到了瘟疫肆虐的村庄，数不清的恐怖尸体实在让人惊心动魄。参与《绿色星球》纪录片摄制的研究人员向我们展示的悲剧场景，深深触动了所有人。在《绿色星球》之前，意识到这个问题的人不多，直到研究员把他

前页图
—
当加里曼丹岛矮象妨碍到了油棕种植时，谁会是赢家，不言而喻。

上图
—
受困：银叶山蚂蟥的钩状纤毛困住了一只蜻蜓。（马达加斯加阿拉奥特拉－曼古罗区）

上图
–
两百多年来，牧场主一直在为牛群开辟牧场而砍伐森林，哥斯达黎加就是一个例子。

们的发现带到位于伦敦邱园的皇家植物园时，问题才得以显现。考虑到它和雨林相关，就更加令人不安了。所有造访过雨林的人都会被这里的奇迹震撼，就像大卫·爱登堡用了一辈子指出的那样，雨林充满了生命。但人类的聪明才智正在把雨林变成充满死亡的地方。

最悲哀的事情，也许就是我们在讨论雨林的奇迹时无法回避它遭到的破坏。人类在林中制造裂隙的速度比自然进程快得多。森林的边缘总是它最脆弱的部分，而人类的破坏过程让森林边缘长度剧增。干燥的林地边缘更容易失火；森林变成了一片片孤立的树丛，尽管还有动物栖居其中，但它们无处可去，只能近亲繁殖，这导致了物种的衰退和减少。实际上再多的树丛也不是森林。森林只有在保持所谓的最小临界尺寸的情况下，才能发挥我们一直赞美的那种巨大、复杂又令人兴奋的作用。庞大的森林永远处在变化之中，它充满了不同的生态位，换言之，生物的生存机会。生态位越多，物种就越多，这一点在长期稳定的环境中表现得尤为明显。而小片的森林，只能容纳更少的物种。许多大型脊椎动物无法生活在小片森林里，它们需要更大的活动范围。森林面积的缩小，可能意味着掠食动物的削减和植食动物的大量繁殖，继而给为它们提供食物的植物带去压力。森林边缘阳光充足，所以森林的破碎也会导致喜阴植物的死亡。那些喜欢树冠缝隙的物种——那些在大树倒下时冒出来的物种——将占据主导地位。小片的热带雨林根本不是真正的热带雨林，至少不是我们所理解的，地球表面物种最丰富、最多变的热带雨林。

有一种误解可以被叫作象征主义或者熊猫谬论，意思是只要确保每个物种——特别是那些长得好看的物种——还有一些能拿来当象征的个体，就等于保护了物种多样性。而雨林告诉我们，真正的物种多样性需要充满各色物种的动态环境，一个能吸收碳、释放氧、蒸发水的环境，这种环境是地球的空调。为了减缓气候变化带来的灾难，我们绝不能少了雨林。

在摄制电视纪录片《绿色星球》时，大卫·爱登堡回到了哥斯达黎加一处他 30 年前去过的地方。当时那里四处可见牛和草坪，但随着某个森林再生项目的展开，该地点又一次被雨林占据。那真是美妙的景象，犹如希望的火花照亮了黑暗。站在当年立足过的地方，大卫·爱登堡读了一段查尔斯·达尔文的日记："所有让我难忘的场景中，没有什么比未被人类沾染的原始森林更为气相庄严。"接着，爱登堡补充了一句，"今天这种地方已经很难找到了。"然后他给出了一个令人触目惊心的数据：今天全球雨林面积中的 70%，相距人类开辟的道路和空地不足百米。

我们已经习惯了把雨林同悲伤甚至绝望联系在一起，但破坏森林的过程还来得及停下，而且许多地方情况已经发生了逆转。哥斯达黎加就是一例。在哥斯达黎加率先采取行动的是政府，而不是私人或者慈善组织。他们向土地所有人支付了环境服务费，换取他们不再砍伐树木，允许雨林再生。过去 70 年里，哥斯达黎加失去了它 80% 的雨林。不过从1996 年开始，这个国家的许多地方都开始恢复雨林。你可能来到了一处曾经的牧场——人类为了满足自己对牛肉的贪欲建造了这类设施——而不自知。森林又回来了，虽然无法彻底恢复原貌，然而休养中的病人，总算可以坐起来吃点营养餐了。我们能够拯救雨林，实际上，一些地方的雨林正在得到拯救。

造访哥斯达黎加正在恢复的森林时，大卫·爱登堡如此评论："我们有能力让雨林从遭到的重创中恢复。这需要全世界不同国家的协作，但这是为我们的子孙后代保留热带雨林这种珍宝的唯一办法。"

右上图

—

向上去往奇异世界：大卫·爱登堡在哥斯达黎加的雨林中乘坐顶篷电车。

右下图

—

大卫·爱登堡和雨林中赛跑队员：哥斯达黎加拉塞尔瓦生物站里的一棵年轻轻木。

DESER
WORLD

T
S

荒漠世界

我们之所以把那些干旱的地方称为荒漠，是因为那里遭到了荒弃。英文中，它们同享一个词根。比如荒漠岛屿，它不仅仅是被沙子和仙人掌占据的岛，更重要的是它没有居民。荒漠的本质在于缺水，没有水，就没有生命。

但走进荒漠，我们依然可以发现自然界中常见的奇迹：生命。生命能够存在于荒漠里，是由于这里总归有一些水。尽管不多，但生命对水的要求也不高。潮湿雨林里的生物多得超乎想象，荒漠也是同样——算不上物种繁茂，然而许多生物依然顽强地生存着，做着生命该做的事，努力繁衍着后代。

植物需要水，我们都知道这点。我们都见过蔫了吧唧的室内植物哀求水的模样。正如巴兹尔·法尔蒂[1]所说，植物显然离不开水。那么，要是有个好奇心旺盛的 4 岁小朋友问你植物为什么需要水，你该怎么回答？

这个问题有很多个答案，它们都正确，而且至关重要。植物生长需要水，因为植物 90% 的成分是水。如果正在读这本书的你是成年人，那么你大约 60% 的成分是水。我们的生存需要水，然而从许多角度来看，植物对水的需求胜过我们，考虑到这点，荒漠植物就更让人惊叹了。缺水使植物枯萎、脱叶，是因为细胞内的水压下降，有了水，植物才能坚挺。

水也是种子发芽的前提。水能激活种子内的酶，也能膨胀、软化种子坚硬的外壳，使根能破壳而出，向地下深挖进一步寻找水资源。这一步过后，新芽开始发育。它之所以能立起，还得多亏根部吸收的水分。光合作用也离不开水：阳光的驱动下，植物排出蒸汽，吸入二氧化碳。我们在上一章提到过，水分通过蒸腾作用在植物体内流动，使得植物能吸收二氧化碳、降低温度，并将养分从根部输送到体内各处。

大多数植物离开水就无法长时间存活。那些能够应对水资源匮乏状况的植物，无疑是这个世界上最了不起的生物之一。乍看起来，在不可能维持生命的地方存在生命有些不自洽，可是荒漠中并非没有水——尽管不多，也不容易补充，但确实有。在这样的环境下，水无疑是最宝贵的资源。生命为什么会在这样险恶的环境中存在令人有些困惑，也有些感动。不过从生命的第一个火花迸现以来，它们自我繁衍和延续的决心就一直在驱动着这个世界。这就是荒漠中存在植物的原因，也是我们人类存在的理由。

---

1 巴兹尔·法尔蒂：20 世纪 70 年代英国情景喜剧《弗尔蒂旅馆》的主角，愤世嫉俗的旅店老板。

右图
-
荒地：很久以前的一场洪水过后，留下了龟裂的土地。远处，生活着三齿团香木。（美国加利福尼亚州死亡谷国家公园蚊子坪）

要在荒漠求生，植物必须采取不同寻常的策略。它们的生存、成长和繁衍速度取决于水资源的获取程度。其中一些植物大幅减缓了生命的速度，相比之下，三趾树懒快得像尤塞恩·博尔特。摄制电视纪录片《绿色星球》的过程中，大卫·爱登堡来到了莫哈韦沙漠，这里位于加利福尼亚和内华达州，是北美最干燥的地方。大卫找到了一株三齿团香木。尽管貌不惊人，但它是地球上最古老的植物之一，接近12000岁。大卫·爱登堡40年前就来过这里，他注意到这株植物没有发生太大的变化，它只长了一点点——总生长量为12毫米，和你的食指差不多宽。

我们来品品40年是什么概念。大卫·爱登堡第一次造访这株三齿团香木那天出生的人类，要是各方面的精力都够旺盛，在大卫第二次来的时候可能已经当上了祖父母。三齿团香木长了十几毫米的时间段里，一棵轻木已经走完了从种子发芽、长到30米高、开花、让饥渴的蜜熊授粉、结出果实、散播种子，最后枯萎死亡的生命全过程。同样的时长里，三齿团香木从荒漠中汲取点滴水分，获得了微不足道的成长。但在这样的环境中，死亡再容易不过，活着就是光荣的胜利。

三齿团香木很少高过3米。它们有分裂植株、克隆自身的奇异本领。随着克隆数量增加，它们会排列得略呈圆状。由于基因相同，圈内的三齿团香木本质上是同一株植物。莫哈韦沙漠的"克隆王"绕出了周长大约20米的圈。如果没人告诉你，你压根意识不到自己站在地球上最伟大的自然奇观旁。三齿团香木可以在完全没有水分补给的情况下挺上两年——对生存在沙漠中的植物来说，耐旱的本领必不可少。它们耐心等待，直到某天细雨飘落，得到一点水分的滋养。

如何最大化资源利用效率的问题不仅出现在荒漠里，也适用于任何环境，只是荒漠的严酷让该问题变得尤为显著。中国西北塔克拉玛干的胡杨林也遵循了同一套法则。这里是世界第二大流沙沙漠（也是第

上图
—
严酷的环境：阳光暴晒下的龙血树。（也门索科特拉岛山地荒漠）

十六大沙漠），温度能降至零下 20℃，也能上升至 40℃。沙漠里还有一条奇怪的塔里木河，它是内流河，换言之，它从别处带来的水源在抵达大海前就干涸了。从这条河季节性的水量差异里，胡杨找到了生存的机会：利用庞杂、蔓延的根系，它们在水量丰沛的时节大量吸水，短时间内快速成长，而在干旱期间把生长速度放缓到几乎静止。这种有趣的换挡能力让胡杨获得了成功，也使得它们大受游客欢迎。

实际上，不能因为我们人类难以察觉，就认为荒漠没有水。有时候荒漠甚至会变得相当潮湿，只是这种情形出现得不频繁，也不会持续太久。荒漠里的水肯定不像你在英国过冬时那么唾手可得，但水确实会出现，只是你永远不知道到底什么时候出现，又有多少。能在这种环境下

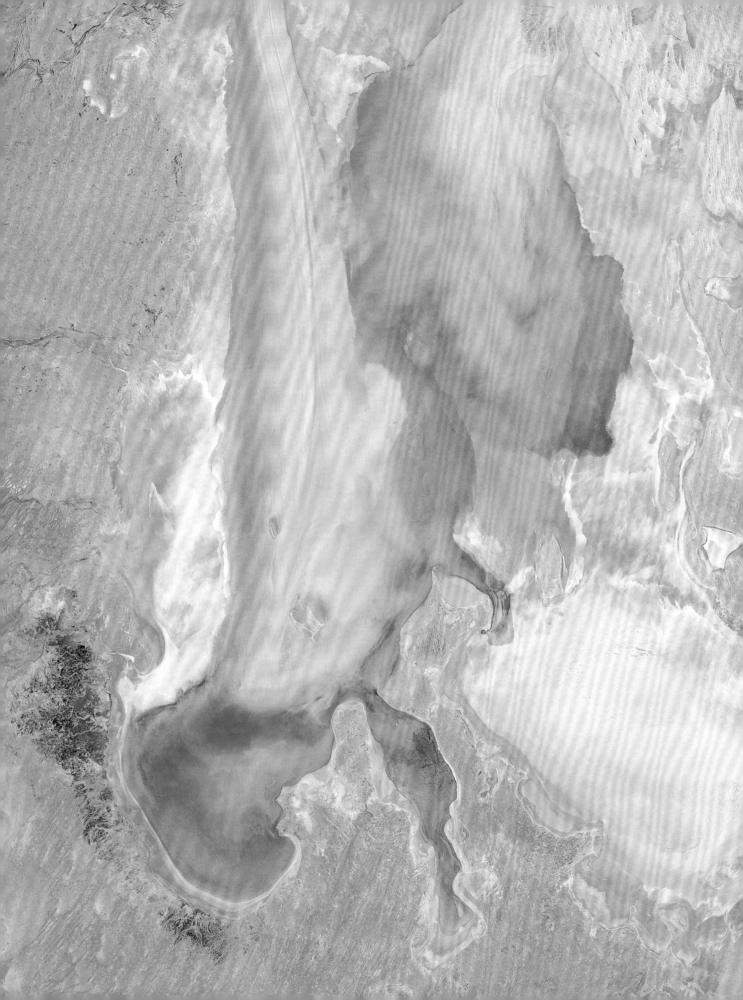

前页图
–
塔克拉玛干沙漠位于中国西北，是中国面积最大的沙漠。胡杨树在这里寻得了生存的法门。

左图
–
荒漠之水：卫星图中，混浊的河流涌入澳大利亚艾尔湖。艾尔湖每个世纪只能涨满几次。

上图
–
澳大利亚沙漠中的水：洪水漫过河道，填满洼地，最终抵达艾尔湖。

存活的植物肯定懂得充分利用现有机会。当然，其他环境也是同理，只不过荒漠植物在遇到水的时候，会表现得特别迅速、果决。

我曾经在喀拉哈里遇到过神奇的状况：沙漠中到处都是野鸭和火烈鸟，非洲鱼鹰在空中逡巡，它们都是来捕食蛙类的。而那些蛙类，从暴雨湿润后的干燥土壤里纷纷冒出。这幅景象可能让你认为喀拉哈里一直是生机勃勃的绿地，但实际上这种条件大约每十年才出现一回。

世界上其他沙漠的情况可能更极端。澳大利亚大陆的核心地带是艾尔湖，或者按照土著更准确的说法，叫卡提仙达-艾尔湖。通常情况下，它和我们理解的湖不一样，因为它基本上没有水。艾尔湖位于一个内流河水系中心，就像我们刚刚讨论胡杨树时提及的塔里木河一样，河流流入内陆而不是海洋。艾尔湖是世界上最大的湖泊系统之一，覆盖了南澳大利亚、北领地和昆士兰 120 万平方千米土地。在地图上，这个湖大得让澳大利亚都似乎显小了。整个澳大利亚的最低点，海拔-15.2 米的地方也在这里。

通常情况下，这里是个巨大的盐碱盆地，不过 2019 年连着两场暴雨把它淹没了。这是 1972 年以来最大的一次注水，属于半个世纪一遇的大事件，而且完全是巧合。对荒漠众生来说，这是不得了的馈赠。刚过去一个大旱之年，就在 2019 年 1 月和 2 月赶上了下了 11 天的雨，到 3 月又撞上了热带风暴"特雷佛"的尾巴，猛降 4 天暴雨。两场大雨的降水量峰值分别达到了 448 毫米和 211 毫米。

尽管两场降雨间隔很短，但水需要时间才能穿过河道系统。这些降水在河道中存留了数月，引发了植物爆炸性的增长，继而为其他生物创造了机会，结果荒漠中充满了水鸟、水生昆虫、鱼和蛙类。这一切都要归因于慷慨的天雨和植物对环境变化闪电般的反应速度。

库拉巴树在里头扮演了最重要的角色，它是一种桉树，就是那个可爱的流浪汉露营的树 [1]。库拉巴树在荒漠里很受欢迎，它提供大块树荫、参与生态循环、重新分配水和养分，给其他生物以生存的机会。荒漠地带何时降雨难以预测，但库拉巴树有本事在烈日和起起落落的降雨中苗壮成长。热带雨林的树木总是在稳定的状态中生长，库拉巴树要处理的环境却刚好相反。它不仅能度过干旱的年月，也能自如应对突然泛滥的水资源。

我们对于荒漠有先入之见，总觉得那里遍布沙丘，有骆驼和奇怪的金字塔，或者再加点仙人掌和苍白的牛头骨。然而荒漠有许多类型，不一定是沙质的，甚至不一定炎热。此外，你还有一个观点需要改变。当你刚刚抵达一片荒漠时候，可能会感叹那里的植被多么干瘪和稀缺，似乎整片地方都缺乏生气。但随着你见识到荒漠环境有多么极端后，你将不再认为那些植被凄楚可怜，而是会感叹生命愿意接受令人兴奋的挑战，用极端的方式来应对极端的环境。

荒漠可以被分成五种类型：除了热带亚热带荒漠——如果愿意的话，你可以认为它是典型的荒漠，至少在西方人的概念里如此——还有沿海荒漠、雨影荒漠、内陆荒漠以及极地荒漠。所有生活在荒漠里的生物都需要面临同样的问题，即水资源的稀缺，或者缺少定期获得水资源的机会。同一个问题，在不同的地方表现的方式不同，得到解答的方式也不同。

我们认为荒漠生命罕至，是因为它们给人的印象就是这样，可我们得改改观念。你在某些荒漠里捧起一把沙子，也许会认为它们只是堆无

1 出自《丛林流浪》的第一句歌词"从前有个可爱的流浪汉，在湖边库拉巴树下露营"。《丛林流浪》是澳大利亚最广为人知的民谣，也被称为该国的"非官方国歌"。

右图

关键物种：库拉巴树对澳大利亚昆士兰伊沙布卡保护区的生态系统至关重要。

翻页图

充满破坏力，也带来生命：南非卡鲁沙漠的雷暴。

机质，和生命没有一丁点关系，更别说相信它们其实是通向生命的两把钥匙了：种子和大量的矿物质。但你刚刚挖起来的，本质是荒漠庞大等候室的一部分。

我们都知道，植物能以种子的方式越冬。我们对此习以为常，认为这很正常。要知道什么才是真正的难度，不妨看看荒漠植物的种子。许多荒漠植物有能力把生命的大部分时间用在还是种子时年复一年的等待上，它们等待的生长信号当然是水。或者说，雨水。雨水迟早会来，但最好别急于求成。许多种子就这么默默等待多年，它们看起来与干燥的土壤和沙砾几乎没有区别，内里却暗藏着生命的秘密。

终于，雨水从天而降。一时间，荒漠化作了美丽的花园。雨水触发了种子，它们立刻开始生长。如果条件足够适宜，它们能发芽、开花、结果。当短暂的雨水离开后，这些植物产出的种子又会回到荒漠中，开始新一轮等待——它们也实在没有其他什么可选。

漫长等待后出现的短暂窗口期，在一些荒漠中引发了奇迹般的景象：出现在我们视野中的不只是零星的植被，而是从地平线的一边蔓延至另一边的繁茂景象。曾经对生命而言极端严酷的环境突然变得完美，荒漠也紧跟着繁花似锦，仿佛迎来了某个疯狂的市政绿植项目。

这种情况被称为"大绽放"，在此期间，荒漠看起来是地球上最肥沃的地方——这么说也没错，只是它持续不了多久。2017 年加州沙漠出现过一次"大绽放"，想不到仅仅两年后，"大绽放"又一次出现，还让《绿色星球》的摄制组抓个正着，拍下了许多有史以来最为惊人的植物长镜头影像。摄制组有一个优势，就是他们知道"大绽放"要来了：深秋和初冬的降雨为此做好了铺垫，连续数日凉爽的白昼和寒冷的夜晚使该事件成为必然。待到时机成熟，沙漠里突然出现花海，你甚至会怀疑那些明亮的色彩是从凡·高的调色板上借来的。

这一奇观从冬末整整持续到了 5 月，沙漠连续数周绽放不可思议的色彩吸引了大量游客，大家都驱车来看这真正的奇迹。花菱草和羽扇豆是主要花种，还有许多名字独特的植物：火焰草、加州宝瓶芥、石猴花、流星花、白花仙灯和粉蝶花。所有植物都争先恐后地利用这短短几周和罕见的水资源在舞台上争奇斗艳，然后像园丁说的那样"垮掉"。英文俚语"散播种子"，有咎由自取的意思在里面，但在野外，种子关乎下一代的生命。通过把基因遗传给后代的方式，散播种子的植物谋求到了永生。这些荒漠植物玩着古老的轮回游戏，以种子的方式回归荒漠，变得和土地难以区分，直到下一场雨才复苏。

左图

—

赋予生命的暴烈之力：巨人柱仙人掌和美国亚利桑那州索诺兰沙漠里的雷暴。

翻页图

—

不可思议的繁茂：墨西哥大沙漠生物圈保护区内的沙漠马鞭草与其他野花。

　　许多荒漠植物采取了大量结种、广泛散播的策略。只能依赖风来播种时，这种策略行之有效，因为谁也不知道风会把种子带往哪里。这些种子通常又小又轻，这样才方便御风而行。而你的种子越多，散播的范围越广，子孙后代在合适的环境下偶遇大绽放的概率就越大。

　　荒漠独有的气候大大提高了种子被带往远方的机会，其中最具戏剧性的天气——也许是全世界最戏剧性的——是哈布风暴。这个词借用自阿拉伯语，专门形容世界各地炎热荒漠里的壮观景象。哈布风暴最引人注目的部分是它短暂而生猛的风。干燥地表的沙尘未被水分固定，会随风移动，形成庞大而骇人的模样。哈布风暴出了名的难以预料，它们一旦出现，你会禁不住怀疑那是上帝的怒意所致。植物当然没有预测风暴的本事，但它们能从这类偶发事件中获益。哈布风暴看起来代表了纯粹的破坏之力，然而自然界里的灾难也是机会。就像雨林里巨树的倒下给了其他生物机会一样，哈布风暴在伤害到许多荒漠生物的同时，也是散播种子的绝佳时机。

组合图

上图
-
花菱草在美国亚利桑那索诺兰沙漠中扮演了最重要的角色。

右页上图
-
沙中花：黄色的加州金色田野花和橙色的花菱草在加利福尼亚州莫哈韦沙漠的羚羊丘绽放。

右页下图
-
些许保护：三齿团香木周围的野花。（美国加利福尼亚州死亡谷）

哈布风暴不仅仅是一股把沙子吹来吹去的狂风，而是一系列复杂的事件。它从荒漠地表掀起总量惊人的物体，形成了一堵高墙。这堵墙的高度能轻轻松松地超过1千米，有时候能达到2千米乃至3千米。它的时速超过了97千米，而且锋面宽达几十千米。实际上锋面宽达上百千米的哈布风暴并不鲜见，甚至还有更夸张的。

荒漠中的雷暴出现在极度干燥，缺乏植被，也没有水分黏合土壤的地表上空。特别重要的一点是，它会让温度急剧降低。习惯温暖地区的天真旅人常常认为下雨没什么大不了的，不过是淋湿衣服而已，根本想不到这会导致多么猛烈的失温。其原因有二，一个是潮湿，一个是气温的快速下降。热带地区也能寒冷刺骨。我在非洲好多次冻得直发抖。

把这种情况放大很多很多倍，就有了哈布风暴。雷暴产生的雨水可能永远也接触不到地面，因为它们在半空就蒸发了，但这个过程中，荒漠上空形成了大面积的冷空气。这些冷空气迅速落地，留出高层空间让温暖的空气进入。现在，地表上有了一个巨大的、不断向四周扩散的冷空气对流池。冷池的前沿地带扰乱了地表原有的暖空气，由此导致的温差产生了强风，将松散的沉积物吹起，形成巨大、不断推进的尘埃墙。你在太空中就能看到哈布风暴，类似的风暴也出现在火星和土卫六"泰坦"上。

2011年，美国凤凰城遭遇了一场著名的哈布风暴。人们提前24小时预知了它的到来，对追逐风暴的社群来说——他们由好奇的人、冒险家、科学家、摄影师和记者组成——这可是一件大事。但在动物王国的绝大多数成员看来，哈布风暴是大麻烦，它们只能蛰伏起来祈祷风暴赶快消失。哈布风暴肆虐一地的平均时间仅有3小时，然而能造成巨大的破坏。

对植物来说——至少是植物的种子来说——哈布风暴却是绝佳的机会。我们会把不断接近的哈布风暴当作沙砾和尘埃组成的高墙，但它也是一堵种子之墙。动物的灾难是植物的幸运。被卷入风暴的种子能飞很远很远，其中那些中了大奖的会落在充满希望的沙土上，等待苏醒的时刻。终有一日，雨水降下，短短数周内，荒漠鲜花绽放，接着再度消失……同时留下更多的种子。这些种子有着荒漠生物的特质：耐心。耐心地等待雨，耐心地等待水。

当然，也有一个办法绕过这个问题。有一种植物能把雨水储存起来留待日后使用。荒漠中水很珍贵，能够每天用水无疑会带来巨大的优势。但一个充满水的植物，对任何能接触到它的生物而言都具有极大的吸引力，所以储水植物想在荒漠中活下去，就得有难于攻破的防御机制。这正是仙人掌千万年来的发展历程。

在一段经典的爱登堡式镜头里，大卫·爱登堡向《绿色星球》摄制人员展示了泰迪熊仙人掌的防御机能。这种植物既柔软又可爱——至少远看如此——所以有此昵称，但这种可爱是错觉。那些似乎是软毛的东西其实是利刺。爱登堡在探手去抓仙人掌前，先戴上了一副结实的皮革手套。这么做是为了更好地展示仙人掌刺惊人的数量，方便观众理解它们能引起怎样的疼痛，进而达成多么可怕的威慑效果。很显然，即使戴上了长手套，爱登堡依然感到了强烈的不适。仙人掌刺轻松刺透皮革，让戴手套的人疼得喘不过气来。当然，镜头前的人是爱登堡，他继续进行了下去。我猜有三件事推动了这场精彩的表演：首先，这个老行家明白这会是纪录片的精彩片段；其次，这个天生的教师清楚如果课程够生动，观众就不会轻易忘记；最后，他意识到假如自己停下，就得找个办法重新拍摄这部分内容。

前页图
-
生命散布者：沙漠风暴将种子散播到远方。（美国亚利桑那州）

右图
-
不那么可爱：种植在美国加利福尼亚安沙波利哥的泰迪熊仙人掌。

所以我们现在已经明白了仙人掌的防御能力有多么恐怖，进而理解水资源是多么珍贵。要长出这些刺需要花掉大量的时间和养分，只有关乎生死的事才值得这么做。我们能从镜头里那人痛苦的表情看出，仙人掌确实自我保护得很好。

许多人认为仙人掌在炎热的荒漠中无处不在，但其实除了一种外，它们都出自美洲，分布在南至巴塔哥尼亚、北至加拿大西部的广袤区域。那唯一的例外叫丝苇，只在非洲部分地区和斯里兰卡生存。美洲仙人掌超过了 1700 种，大部分生长在干旱地区——主要是荒漠——成为地区生态的一部分。你甚至能在智利阿塔卡玛沙漠找到欣欣向荣的仙人掌，要知道，那可是除了两极外地球上最干燥的地方。

仙人掌是多肉植物，就是说它们将水分储存在自己厚实多肉的部位。这种做法简单实在，许多植物都采用。但和绝大多数多肉植物不同，仙人掌只在它们的茎秆内储水。这些茎秆是仙人掌的主要组成部分，所以乍看上去它们只剩下了茎秆。几乎所有仙人掌都会长刺来自我保护：植物学家口中的"刺"一般指植物变形的枝杈，但仙人掌的刺是

上图
—
这明智吗？大卫·爱登堡正把手伸进仙人掌丛中。

90

上图
—
大卫·爱登堡向我们展示一种仙人掌如何
利用尖刺附着在路过的动物身上，如此一
来就能进行自我繁殖。

它们的叶子。在植食动物看来，仙人掌的肉大概既营养又解渴，所以它们必须用刺来自保。这些刺还能起到阻止蒸发的作用，他们减少了茎秆旁干燥空气的流动，还提供了些许阴凉。

这些刺是变形的叶子，但和寻常的叶子不同，它们不进行光合作用。当然，有些仙人掌保留了我们认知里的那种叶子，不过大多数没有。它们用茎秆来进行光合作用。仙人掌的形状千差万别，有的像带枝杈的树，有的像圆柱，有的紧贴地面，长成了球状。我们在上一章里说，植物（和动物相反）会最大限度地向外生长，仙人掌的这个性状似乎与此产生了矛盾。你找不到比球体更节约空间的形状，由于尽可能地缩小了表面积，这种植物非常有效地减少了它体表的水蒸发量。它无法像大片的树叶那样进行高效光合作用，也没这个必要。仙人掌放缓了生命进程，长时间处在休眠状态，在自己建立的保护区内耐心等待水的到来。

上一章中提过，植物的光合作用由阳光提供能量，它们在吸收二氧化碳的同时蒸腾水分。而仙人掌演化出了在白天吸收并存储二氧化碳的

能力，这使得它们能完成自然界最不可思议的壮举之一：在黑暗中进行光合作用。外界一片漆黑时，它们依然在消耗光能。通过避开酷热的白昼，把光合作用延迟到凉爽、黑暗的夜里，仙人掌极大地减少了水分的流失。

仙人掌有一种叫作"刺座"的特化结构，虽然长得不像，但那其实是一种变形的枝杈。刺座上平时长着刺，到了时节也会开花。仙人掌花期间隔漫长，花朵艳丽显眼，这是为了吸引包括昆虫——主要是蜜蜂、鸟类——主要是蜂鸟，还有蝙蝠在内的授粉动物。许多仙人掌的生长期很短，休眠期很长，但即使处在深度休眠状态，它们依然能感知到雨丝的风吹草动，随时准备捕捉这种来之不易的机会。仙人掌的根系浅而宽，能尽量捕捉沉降或者蒸发前的水分。据计算，一株大型仙人掌能在一场暴雨中吸收 800 升水。这真是不得了：一场雨就够它们慢慢用上几个月甚至几年的。奥林匹克运动员必须花几个星期甚至几个月为四年里最重要的那天做准备。仙人掌和许多其他荒漠植物也是这样，只是这个比赛间隔常常缺少规律，无法预测，可能比四年长得多。当那最重要的一天来临时，做好了准备的植物才能赢下金牌：生存下来，繁衍后代。

组合图

左页上图
-
欣欣向荣的荒漠生物：美国加利福尼亚州的金琥。

左页左下图
-
一只蓝喉蜂鸟正在享用鹿角柱仙人掌的花朵。（美国得克萨斯州大弯曲国家公园）

左页右下图
-
一只小长鼻蝠接近管风琴仙人掌的花朵。（美国亚利桑那州）

右页上图
-
低调之美：墨西哥大沙漠生物圈保护区夜晚的巨人柱仙人掌。

在艰难困苦的环境下讨生活，也算是一种浪漫情怀。当然，你会自然而然地问，为什么世界上有那么多适宜生存的地方，还会有许多生物选择住在极端环境下。但这是看待问题的错误方式：这就像在问，为什么南美地震带上的贫困家庭不搬家去科茨沃尔德[1]？这看起来是矛盾的：不该出现生命的地方，与生命的必然性结合到了一起。荒漠是这种矛盾的典型例子：这里不适宜生存，可生物又或多或少地存在。只有某个地方有生命存在的丁点可能，那么不管在我们人类看来多么困难、多么古怪，只要时间足够久远，生命就会在那里找到属于它们的生存之道。

所以你在一个缺水的地方，见到了水分充盈、能把大卫·爱登堡扎得眼泪汪汪的仙人掌，以及一些小型哺乳动物。这些动物得到了也许算有史以来最凶狠植物的帮助。而只要这些小动物生活得够好，仙人掌也能从中获益。在这片活着就算成功的土地上，泰迪熊仙人掌和打包鼠找到了共生的方法。

美国西南部许多地方生活着打包鼠——更正式的说法叫白喉林鼠，荒漠对它们来说如同安逸的家。它们最爱的食物是梨果仙人掌，这种仙人掌同样深受人类喜爱。打包鼠还会吃泰迪熊仙人掌的一些部分。这种啮齿类动物本身也是许多荒漠动物的小吃，比如，鼬类、短尾猫、郊狼、猫头鹰和响尾蛇。这些小鼠是干旱地区生态循环重要的组成部分，有时候会被无情地归类为粮食物种。但这对打包鼠来说不公平。要在周围强敌环伺的开阔平原筑巢安家，活着从来不是简单的事情。

所以它们利用起了仙人掌。仙人掌落下的幼芽，能长成一株新的仙人掌——这算是一种克隆。打包鼠把这些幼芽拿来为己所用，没有人确切地知道它们是怎么拿走幼芽又不被蜇伤的，但这些幼芽确实成了打包鼠堡垒墙体的建材。不同栖息地的打包鼠会用不同的材料建墙，而在仙人掌生长的区域，它们热衷于使用这种带刺的植物。打包鼠通常会把堡垒修建在灌木下方，因为灌木能帮助它们抵御来自上方的袭击。在城墙后面，打包鼠们安下了它们的巢，把新的生命送到这充满敌意的世界中。

对仙人掌来说，这笔交易好得超过想象。打包鼠能把幼芽带往仙人掌无法企及的地方，其中最常见的选择是山坡，那些幼芽中的一部分可能在风的吹拂下滚落到了更遥远的地方，其余的则在堡垒城墙生根发芽。那么，到底是打包鼠用仙人掌保护了自己，还是仙人掌利用打包鼠进行了繁衍呢？这个问题没有明确的答案，只能说生命又一次找到了生

1　科茨沃尔德：英格兰著名的田园风光地区。

存问题的解决办法。这种美妙的协作在我们看来难以置信，但只要有足够漫长的深度时间，它们必定会出现。

当我们还是孩童时，喜欢把这个世界划分成非黑即白的二元结构。我们希望故事里的好人就是清清白白的好人，坏人就是明明白白的坏人。随着年岁渐长，我们开始喜欢更复杂的角色，哪怕最邪恶的反派也有闪光点，而最伟大的英雄也不是完人。在复杂的成人小说中，角色之间的关系从来就不简单，爱与恨、善与恶纠缠不休。大自然也是同理。既然我们是大自然的产物，又怎么能指望它简单纯粹呢？生物间关系复杂，谁得利，谁受损，没有简单的答案。

野生的烟草也是同样的情况。为了吸烟的快感，人类驯化了一些烟草。人类对尼古丁产生反应，但植物合成这些物质是为了阻止自己被昆虫吃掉。几个世纪里人类拿来毒害自己的物质，在无数个千年里用作杀虫剂。

烟草会在感到自己受到攻击，面临威胁时生产尼古丁。这话听起来有些怪：我们习惯于认为植物迟钝、缺乏感知和思考能力，只是勉强算活着。但如果它们真的对生存环境缺乏复杂和细致反应，就无法生存至今，所以它们必然有某种程度上的意识。可我们常常不假思索地全然否定这个观念，如果接受，又往往过于倾向于神秘主义。这两种反应同样不够理性。回避植物存在意识的方法之一是大量使用引号，比如，植物"意识到"自己遭受了攻击，"告诉"受攻击的部位制造毒素。我不

确定这么说有没有帮助：植物确实缺乏中枢神经系统，但就像我们已经在许多不同方面看到的那样，它们会对刺激做出反应。这是它们维持生存必不可少的前提条件。

植物身体的一部分能把情况告诉——"告诉"这个词真的合适吗？——另一部分，这就是植物传递信息的方式，然而我们人类对此难以直观地理解。作为一种动物，我们注定无法像看待其他动物一样理解植物，但毫无疑问，植物能沟通。旧金山实验室拍摄的一段影片对此有清晰的展示，大卫·爱登堡与植物交谈，而植物做出了回应，我们可以看到信息如何在植物内部传递。这就好像我们对植物的了解一下子从默

片时代进入了有声电影时代。在镜头里，我们看到了植物如何说话，或者用不那么戏剧性的手法，我们看到了植物内部的通信系统的工作，看到一条信息沿着为明确的目的而建立的路径进行传播。

爱登堡用作演示的是一种实验室培育的转基因烟草。它被改变的基因使得植物向自身发出信息时，这些信息通路会发出荧光。爱登堡模拟毛虫的方式轻触烟叶，结果信息通路发出了光。这条由化学物质编组成的信息清晰可见，从叶片传递到了整株植物，它在警告植株其余的部分："生产毒素。快生产毒素，不生产尼古丁就会死。"结果尼古丁被生产出来，而这株植物在模拟攻击中存活了下来。野生的烟草遭受袭击时

也会发出同样的、只是不发光的信息，所以它们能生存至今。

郊狼烟草天敌中最常见的是烟草天蛾及其幼虫。这种飞蛾找到烟草后会在叶子上产卵，幼虫孵化后能立刻享用大餐。你可能认为这些虫子给烟草带去了严重的威胁，但其实它们关系微妙。往叶片上产卵的蛾子，也视烟草的花蜜为能量来源。在采食过程中，它们完成了授粉的工作。换言之，烟草的交配离不开它们最痛恨的敌人，同时烟草天蛾也离不开这种不断试图毒杀它们后代的植物。

和所有的毛虫一样，烟草天蛾的幼虫是不折不扣的进食机器。它们一旦启动，烟草就向自身发送信息并开始生产毒素，而这只是第一道防线。被啃噬的叶片边缘还会释放茉莉酸——得名于同样生成这类物质的茉莉——而茉莉酸可以吸引大眼长蝽。这些虫子认得这气味，因为它代表烟草植株上有食物，它们不但以毛虫为食，也不会放过蛾卵。

尽管这些防御措施行之有效，但总有些毛虫会活下来而且越长越大，大到没法由大眼长蝽对付的地步，这时候，烟草就会用同样的方法招来蜥蜴替自己解决问题。这套防卫系统的复杂程度令人印象深刻，它由百万年的演化所得，非常高效，然而并不是 100% 的有效。即使一直在和烟草的防御系统对抗，依然有些蛾子的幼虫能成为漏网之鱼。不过防御系统的漏洞并非缺陷，因为它们还指望成年的飞蛾帮忙传粉。

要说明大自然保持平衡状态有多么微妙，这是一个极好的例子。天平稍稍往一边倾斜，烟草天蛾就会消灭它们赖以为生的植物。而往另一边，则是郊狼烟草失去与这种蛾子的联系，反过来影响自身的繁衍。这两个物种已经被命运连在了一起，就像漫画里的超级英雄和邪恶反派，它们既处在永恒的冲突里，又彼此相互依赖。这种颤颤巍巍的平衡和极高的复杂度，只可能是深度时间的产物。

这就是协同演化。协同演化指两种或更多物种随着时代变迁而相互影响，相互变化。这种演化充满了魅力。有时候，它是良性的相互依赖，有时候却多少带有敌对关系。但演化的本质就在于传递一切有助于某物种竞争的优势，增加该物种的后代生存的可能性。所以共同演化常常像军备竞赛，你的防御能力越强，你的敌人的进攻策略就越有效，这种现象不仅指个体，也贯穿了这些物种的无数代际。有的时候，协同演化会表现为越来越复杂的形式，但如果简化有助于生存，那协同演化也会朝着相反的方向欣然前进。我们受到的教育把演化描述成有目的的、进步的、追求完美的过程——否则怎么会诞生出我们人类这种奇迹呢？然而实际情况是演化会用上一切可以利用的工具和手段。所以，当一只

智利嘲鸫落在仙人掌顶部引吭高歌时，我们要看到背后的一系列事件：
那是两种植物间的军备竞赛，其中一种植物通过简化根系、茎秆和叶子
取得了巨大的成功。它几乎摆脱了我们对于开花植物的定义——除了花
朵本身。它就是仙钗寄生，植物里的柴郡猫。《爱丽丝漫游奇境记》里
的柴郡猫能逐渐消失，只留下笑容；而仙钗寄生也变得几乎只剩下了花
朵。在我们人类眼里，它们看起来挺漂亮，只是身处这场军备竞赛里的
仙人掌可能会有不同观点。

　　我们已经见到了仙人掌如何长出刺以保护珍贵的水分不被野生动
物，以及戴着皮革手套的纪录片主持人夺走，当植物同族相争时，这些
刺也派得上用场：有些寄生植物很乐意在仙人掌上安家，把水据为己
有。这个过程从嘲鸫的歌唱开始。仙人掌需要保护自己不受这些鸟儿的
伤害，即使这些鸟儿并没有伤害它的意思。带来问题的其实是鸟儿的歌
声。就像许多鸣禽一样，嘲鸫会在高挑、裸露的枝头歌唱。这歌声代表
了它对周边领土的宣称，所以它需要找让人看得见、听得着的位置。只
要有的选，嘲鸫无疑更喜欢站在光秃秃的仙人掌顶上，而不是凶神恶煞

上图
-
刺之战：智利嘲鸫。（智利洛斯莫耶斯）

右图
-
骗术横行：被仙钗寄生占据的多花扁轴
木。（美国亚利桑那州）

100

翻页图

–
巨人柱仙人掌可以长到 10 米高，储约 4000 升水。（美国亚利桑那州索诺兰沙漠）

的刺旁，所以它们喜欢防御机能薄弱的仙人掌。鸟类通常会在起飞前排便，因为减轻重量对飞行大有好处，只是这样一来它们的粪便就留在了仙人掌上。嘲鸫是仙钗寄生果实的热情消费者，粪便里自然常常含有这种植物的种子。

那些刺最长最利的仙人掌不会被嘲鸫访问，自然不用担心仙钗寄生，不过防护没那么到位的就得直面这个问题了。但仙钗寄生种子哪怕发了芽，要进入仙人掌内部依然会是一项艰巨的任务。仙人掌的刺越长越骇人，就越坚硬，往往长达 12 厘米，而为了成功寄生，仙钗寄生种子也演化出了跨越这段距离的能力。它们长长的刺针状茎秆——其实是一种吸根——伸向仙人掌。在光合作用的帮助下，这些吸根长得飞快。一旦成功接触并进入仙人掌内部，入侵植物就会发生彻底的改变。

它变成了植物中的植物，把本该自己负责的事情一股脑儿都甩给了不情不愿的宿主。它依靠仙人掌储存的水，以及仙人掌通过光合作用为自己创造的养分茁壮成长。作为一种寄生植物，它只需要一个健康、水分充足、能进行光合作用的宿主就可以生存。它有点像上一章中提到的真菌，呈细丝状，深入宿主的维管系统——转移水分的系统。由于不进行光合作用，它舍弃了树叶；由于从仙人掌那里获得了所需的水分和矿物质，它缺少根系；它也没有茎秆，因为所有的资源，它都能从宿主那里掠取。

作为一种植物，它舍弃了几乎所有植物的特征——至少我们认为植物应该有的那些特征。它看起来根本不像一株植物。它维持生存的一切工作都由仙人掌代劳，唯一要操心的只剩下了如何繁衍后代。

面对这种情况，我们人类又会习惯性地想要从中品咂出道德的意味，比如，思考寄生虫的无用怠惰，或者有什么因果报应在里面。当然，实际上它无关道德，只是陈述了这样一个事实：生命的存在是为了繁衍后代，而只要有一丝机会，它们通常都会找到繁衍的方法。你可以为仙钗寄生捉弄仙人掌的行为喝彩，也可以为仙人掌成功阻止好些仙钗寄生欢呼，这没什么区别。这种生活方式真正有意思的地方在于它如何演化，又将如何延续。

随着不断成长发育，总有一刻，仙钗寄生需要繁衍后代。仙人掌内部是个舒服安逸的地方，但只有外出交配才配拥有更多子嗣。正如我们所知，对于开花植物，即被子植物而言，这意味着绽放花朵。所以这种没有根、没有茎也没有叶的植物能开花。它们的花朵在仙人掌的刺座或者其他常见的裂口处盛开，那些花朵色泽猩红，简直像是平素里冷静又严肃的仙人掌突然戴上了狂欢节帽子，原本拒人于千里之外的态度来了个大翻转，开始招蜂引蝶。很快，蜂鸟就会来到。鲜花在荒漠中可不常见，生活在严酷环境下的蜂鸟不可能拒绝这样的机会。它们从一朵花飞往另一朵花，畅饮花蜜的同时也带去了珍贵的花粉。因为沙漠里缺少授粉动物，仙钗寄生的花期很长，这对宿主而言是严重的消耗。而一旦它们结出果实，就轮到嘲鸫了。这些鸟儿会吃掉果实，又一次传播种子。

寄生植物只有达到一种微妙的平衡才能生存。为了开花，仙钗寄生从它的宿主那里取用了大量的水和养分，而且额外蒸发了一些水分。如果仙人掌被索要太多而死，那仙钗寄生也活不了。宿主的死亡对所有寄生生物来说都不是好事，所以它们非常关心宿主的状况。仙钗寄生一旦察觉仙人掌有生存压力，就会控制住自己，缩回仙人掌体内，让宿主恢复体能。留待下一次开花，总比死了好。

许多植物都会采用寄生方式生存。我们已经见识过的雨林怪物大王花和仙钗寄生一样，只开花，不事生产。它们没有亲缘关系，演化路径也不同，但殊途同归，获得了相似的特征和生活方式：这就是趋同演

化。寄生植物有 16 科，3000 多种，被子植物中有 1% 是寄生植物。

　　非寄生植物必须凭自己的能力过活，这在荒漠环境下注定不容易。它们会感激任何可能的帮助，虽然作为植物，它们不大可能真的拥有这种情感。我们通常认为荒漠热得难以忍受，但即使是仙人掌广泛分布的荒漠也能遭遇酷寒。美国亚利桑那州巨人柱国家公园位于荒漠之中，这儿偶尔会下雪。已经演化出了适应极端干旱与高温能力的仙人掌，竟然会受到水——刺骨冰寒中化作雪落下的水——的威胁，这听起来十分荒谬。许多年轻的仙人掌会死于罕见的荒漠降雪。但这些娇嫩的植物也可能得到附近树木的帮助，保护它们免受最恶劣天气的折磨。那些生长在多花扁轴木或牧豆树下的仙人掌有更大的生存机会。这不是寄生，因为仙人掌不从树上索取任何东西。它们利用了树木，却没有以任何方式损害树木。这种奇怪而亲密的关系还有许多例证，我们很快就会讲到。

　　现在，我们先来考虑一下巨人柱仙人掌。你可以把它叫作典型的仙人掌，它有高耸的柱状躯干，还向外伸出胳膊似的枝杈。就是你在西部片里会看到的仙人掌：牛仔骑着马从它们侧旁经过，去追赶或者逃离坏人。遍布仙人掌的场景告诉观众，所有人都深陷无望的困境。

　　但让我们从仙人掌的角度，而不是牛仔的角度来看待这个问题吧。一株巨人柱仙人掌能长到十多米高，运气好的话活个几百年。如果愿意，你可以说它是活的水桶，随不同季节水量变化膨胀、收缩。巨人柱仙人掌的含水量高达 90%，一株大仙人掌能容纳 4000 升水。这是个了不得的成就，你也可以说它是个了不得的机会。许多生物都想利用巨人柱仙人掌，不过接下来的两种动物，可能有违我们对荒漠的传统观念。因为它们是啄木鸟：吉拉啄木鸟和北扑翅䴕。

　　这两种鸟都喜欢在离地 10 米的高度筑巢以避开地表掠食者。巨人柱仙人掌自然成了它们理想的选择，因为掠食者很难攀爬那多刺的躯干。这些啄木鸟足够聪明机敏，能在仙人掌体表挖出半米深的洞而不被刺伤。这样深深的伤口可能会要了仙人掌的命：它精心准备的防御工事被攻陷，体内珍贵的水分开始蒸发。如果这种情况持续下去，它就必死无疑，但这种植物有相应的办法。它会分泌一层厚厚的汁液，这些液体干涸后，仙人掌体内就出现了一个有着坚硬墙壁的洞。这个洞穴异常坚硬，被昵称为"仙人掌靴子"。对啄木鸟来说，这是完美的筑巢地点，它们无须进一步伤害仙人掌了。从另一方面看，啄木鸟并非单纯地索取，仙人掌也从中获得了回馈。

　　长得又壮又高的巨人柱仙人掌一年能结 150 个果实，每个果实都包

含了几百粒种子，长寿的仙人掌能在它的一生中生产3000万颗种子。这个数字很庞大，但很多事情可能出错。可能1000粒种子里只有1粒能发芽。仙人掌种子和幼苗能遇上的灾祸包括冰寒、干旱、洪水和被动物吃掉。当然最后一种也可以算成好消息。

许多鸟类会吃掉果实，把种子带去远方，这其中包括了吉拉啄木鸟和北扑翅䴕。虽然啄木鸟主食昆虫，但这两种也吃水果和种子。当它们飞往树木——如多花扁轴木或者牧豆树——进行传统的觅食行为时，排出的粪便里会留下完好的种子。那些在树下成长起来的仙人掌享受到了树木的好处，能少受风雪伤害，免受阳光暴晒。与此同时，仙人掌的根可以从土壤中汲取些微水分，那些水分是树木的根从深得多的地下带上来的。树木的根部会渗出一点水到周围的土壤中，这些水有助于仙人掌幼苗的生长和成熟。

现在我们又看到了一个保姆树的例子：这种树能帮助它们幼小的邻居。我们已经在拉丁美洲的轻木上见过类似的情况，而在一个完全不同的环境中，同样的事情再度出现。一株长成的巨人柱仙人掌会比它的保姆活得更久，开启往复的生命循环：另一株仙人掌、另一只鸟、另一棵树下的另一株幼苗。

我们必须调整我们对植物的观点。植物不是简单的物体，而是一段过程。它们绝非一成不变，甚至会谱写故事，它们的故事里的许多其他角色也有各自的背景，故事和故事重重叠叠，相互嵌套。我们习惯于把植物视为物体，只是因为它们的运动方式与我们人类、与我们动物不同。但这不代表它们不运动、不互动、不反应、不改变。你的花园里的野草是一个故事的一部分，这个故事需要几个月的时间讲述。一棵橡树、一棵雨林巨树或者一株巨大的仙人掌谱写的故事时间跨度长达几个世纪。所有故事里的角色都随着时间而变化，其间还掺杂了与其他生物的复杂关系。

我们认为荒漠中几乎没有生物，能在这种环境中生存的物种都独特而顽强。确实，荒漠中生物密度低下。看到一株仙人掌时，你不会指望在它旁边见到另一群仙人掌。荒漠之所以荒芜是因为这里水源匮乏，也因为贫瘠的沙砾中缺乏营养物质。生命的燃料确实存在，但量很少。正如我们看到的，荒漠并非空空荡荡，但它们能维持的生命往往分散在各处，难以群聚。荒漠植物常常形单影只，因为它们没的选。

但圣佩德罗马蒂尔岛会让你的预期落空。这座岛位于墨西哥宏伟的下加利福尼亚半岛内侧的科尔蒂斯海中。这座岛非常符合荒漠的定义：首先，它是荒岛，至少没有人类在这儿定居；其次，它非常干燥。然而你在这里找到的仙人掌丛，茂密得像玉米地或者某种低矮的森林。本该孤独终老的植物们聚在一起，几乎能碰到彼此。这种盛景你不可能在仅仅几千米外的大陆上看见。

岛上的主要植物是武伦柱仙人掌，它们有时候又被称作墨西哥巨仙人掌或者大象仙人掌。我们不难理解这些外号是怎么来的：世界上现存的最高仙人掌就是武伦柱仙人掌，高达 19.2 米。它们和同样长着枝杈的巨人柱仙人掌是近亲，只是模样不那么富有戏剧性。它们枝杈的形状类似巨人柱仙人掌，不过分叉位置位于植株直径 1 米左右的底部。

但是圣佩德罗马蒂尔岛上的仙人掌从来长不到这么大。这座岛基本上是块大石头，是这片内海中距离海岸最遥远的地方。它只有 2 千米长，最宽的地方 1.5 千米，面积略小于 3 平方千米。可以想见，这座光秃秃的岛屿上常常狂风肆虐，仙人掌不可能长得太高。圣佩德罗马蒂尔岛的仙人掌的发育算不上良好，但它们的数量多得令人费解。

这些仙人掌之所以如此密集，是因为它们找到了一种利用丰富的海洋资源来为陆上生活提供养分的方法。它们以海洋生物的蛋白质为生。这大概不太符合你对仙人掌的期待。它们之所以能做到这点，是因为与海鸟的关系，尤其是与蓝脚鲣鸟的关系。这种鸟和塘鹅是近亲，生活方式也类似，喜欢从高空一头扎进海中捕鱼。鲣鸟的猎场在宽阔的海域，但它们毕竟不能在海上产卵，所以和其他海鸟一样需要找一块陆地进行繁殖。小岛上没有大型陆地掠食动物，它们容易群聚。它们来圣佩德罗马蒂尔岛的部分原因在于附近的可选岛屿稀少，但也因为其他许多海鸟来了这里。这些鸟儿大部分时间三三两两地生活在海上，可一到繁殖期就成了城市居民，居住在熙熙攘攘、吵吵闹闹的巨大的集会所里。

左图
－
带着幼鸮的大雕鸮在一株巨人柱仙人掌上安家，一只金色的扑翅䴕可能也打算住进来。
（美国亚利桑那州索诺兰沙漠）

翻页图
－
滋养仙人掌：蓝脚鲣鸟的粪便滋养了仙人掌。
（墨西哥加利福尼亚湾圣佩德罗马蒂尔岛）

岛上还有不得不说的一点：气味。第一次来到海鸟栖息地的人往往会被那股气味震惊到。鸟类会排便，而海鸟的粪便带着鱼腥味。这些东西经年累月地堆集以后被叫作鸟粪石。19世纪，鸟粪石作为优质的肥料驰名欧美。人们来到近海岛屿上疯狂地开采这种资源，而开采工的生活条件近乎奴隶。鸟粪石推动了战争，使美利坚合众国成为殖民大国。鸟粪石的使用标志着集约型农业的伊始。用鸟粪石施肥的土地养活了更多的人口，这是全球人口增长的重要因素。毫不夸张地说，鸟粪石——鸟类的粪便——改变了历史进程。

后来，科学家们发现了如何在不需要鸟类的情况下制造肥料：本质上，我们就是在用合成的鸟粪石给农作物施肥。在那之后，鸟岛重新成为鸟的领地，粪便开始再次堆集。圣佩德罗马蒂尔岛一度遭到过乘着鸟

粪船来到该岛的黑鼠的入侵，这些老鼠以鸟蛋和雏鸟为食，但随着老鼠被消灭，粪便堆集的进程得到了加速。蓝脚鲣鸟富含氮的粪便为低矮的武伦柱仙人掌森林提供了丰富的肥料。这些荒漠植物得到了海洋的滋养，它们以鱼为食，靠海而生。

　　说到一个看似封闭的生态系统如何滋养另一个生态系统，最典型的例子是鲑鱼洄游：鲑鱼会离开它们生活了大半辈子的海洋，疯狂地逆流而上去产卵地。它们在北美同鹰和熊的战斗闻名遐迩：所有的鱼最后都死了，但其中许多成功地产下了卵，第二年还有新的鲑鱼回来奋战。北美的松林和生活其间的生物都得到了海洋的滋养。如果没有海洋的馈赠，那里的生态系统一定大不相同。圣佩德罗马蒂尔岛上的仙人掌虽不那么出名，但也以非同寻常的方式成了地球上最密集的仙人掌群落，这是因为它们和其他所有仙人掌不同，可以从海洋中获得丰富的养分。

我们已经看到，有些植物能从与其他物种的交互中获利。不同物种的协同工作可能是生命科学，或者生命本身最迷人的部分。但也有植物采取了截然不同的策略，它们会在授粉期来临前尽可能独善其身。其中一些甚至做到了几乎和其他生物老死不相往来的地步。生石花通过把自己伪装成卵石做到了这一点。

生石花原产于南非的荒漠，但你可能永远也发现不了它们。它们看起来更像小卵石而不是植物。即使是经验丰富的野外植物学家也很难把生石花与卵石区分开。因为外形奇特，容易培育，它们如今成了热门的室内植物，还获得了卵石草、活石头这样的绰号。和仙人掌类似，它们也是多肉植物，会把水分储存起来。既有水分又有营养，它们自然是所有荒漠植食动物的理想美食。和长满利刺自我保护的仙人掌不同，生石花用的是绝妙的伪装。生石花没被吃光，是因为没被注意到。它们就隐藏在掠食者的眼皮子底下，与周围的卵石难分难辨。无论乌龟还是植物学家，都没法把它们从砾石中拣选出来。生石花颜色各异，与周围的卵石融为一体：有白色、灰色、红色、棕色，偶尔也包括绿色，上边的斑点与线条模拟了石块的色变。

你可能会问它们是怎么生存下来的。我们花很多时间讨论了光合作用，当你继续阅读时，这个主题还会一而再再而三地出现。正如我们所知，光合作用通过叶绿素进行，而叶绿素是绿色的。卵石常常不是绿色的，生石花也不是。但它们也并非仙钗寄生或者大王花那种寄生植物，依然需要通过阳光制造养分。既然生活逼得它们放弃绿色，那它们是怎么做到的呢？

答案是极为精巧的结构。这种植物卵石色的表面看起来不透明，实际上却像那些载着人的轿车的黑色车窗一样，能让光线穿过。在这层表面之下是存储水分的结构，它也是透光的，允许光线进入植物深处，也就是光合作用组织所在的地方。在一年的大部分时间里，这种植物都会处于休眠状态。

但水终究会来，有时候是一阵潮气，有时候是一场小雨。而对某些物种来说，哪怕几滴露水便已足够。生石花看起来像一对小小的卵石，只不过在这对卵石的裂缝里，你能找到分生组织，即生长点。一旦条件适宜，这些植物会开花并长出新叶，给人一种卵石开花的错乱美感。这是这种植物为了授粉和结果实而爆发出的短暂高光时刻。由于要向两边伸展，每株植物看起来都像是一系列成对的卵石。

生石花的生存策略深深地吸引了科学家们。有的生物会试图融入背景，比如树皮上的棕色蛾子，但生石花的策略有所不同。它也不属于贝氏拟态。贝氏拟态是指一些无害物种看起来像是危险物种，比如，花园里的食蚜蝇看似胡蜂，却没有蜇针。生石花并没有假装成危险物种，也不尝试融入背景，它模仿的是某种不能食用的真实物体，这种物体不危险，也不引人注目。类似的例子有很多，比如竹节虫，以及看起来像鸟粪和树叶的生物。它们清晰可见，然而和你以为的不一样。这种伪装可以叫作"角色扮演"。已知的石生花约有40种，可能更多，主要因为它们太像卵石了，科学家和植食动物一样区别不出来。

猴面包树和生石花一样奇特，但体形更大。它们的树干直径可以宽达14米。它们不只是荒漠植物，更是荒漠地标。猴面包树的寿命很长，1000年树龄的稀松平常，2000年树龄的也不鲜见。由于长得很独特，人们为它们创造了一系列传说，其中最出名的是这些树过于骄傲，触怒了神明，于是神明把猴面包树颠倒过来，让它们树根朝天——它们在每年的9个月里树叶光秃秃的时候，看起来就是这么副德行。

猴面包树枝杈下方是桶状的树干，能储存巨量的水。这不是什么秘密，几千年来，人类的猎人和采集者一直从猴面包树里取水，大象也这么做。不过猴面包树掌握了一种有效的补救办法：它可以重新长出树皮。会杀死其他树木的可怖伤口对猴面包树而言只是小小的不便。大象常常恣意破坏树木以寻找食物，寻常树木只要树皮被破坏一圈，就无法继续输送水分而注定死亡。但猴面包树可以坚挺下去：你经常能看到猴面包树带着恐怖的伤疤，依然在平静地生长。有的伤疤很新，有的诞生在几百年前，已经愈合很久了。

但这种平衡正在发生变化。猴面包树遭到了大象越来越猛烈的破坏，开始难以恢复。津巴布韦马纳潭国家公园附近，一些受人尊敬的古树被摧残至死。大象的袭击变得比过去更频繁、更凶猛，这些树正遭受苦难。对大象和猴面包树来说，这都不是什么好消息：它们正在破坏自己的后备水源。这种新行为的成因很复杂，但可以归结为两点。首先，不断增长的人口需要更多空间，挤占了大象的生存空间。大象在干旱的地域通常会长途迁徙，追逐季节性的水草，可是它们的迁徙路线和迁徙目的地正遭受破坏。第二点是水的减少。更长的旱季，更少的水资源，逼得大象比以前更频繁地启动它们的应急储备。问题是这些储备已经显现出了枯竭的迹象。气候变化不是一场灾难，而是一系列相互关联的灾难。其中许多问题都超乎了我们的预料，而且爆发在世界各地，甚至连荒漠生物也因此受苦。

我们无法抑制自己对荒漠植物的欣赏之情。我们会情不自禁地认同它们，把它们比拟成凭心底的坚忍与艰苦环境做着斗争的硬汉，仿佛它们代表了对人性的考验，而不是物种的演化。创造满是生动角色的故事是人类理解事物的重要方式，而一株巨大的仙人掌完美符合我们心目中的硬汉形象。毕竟，你连在荒漠中都可以活下去，那其他的事情都不在话下。谈到谁能挺过全球变暖危机时，如果你要选一种植物，那一定是仙人掌。当万物都在干裂、枯萎时，强悍的仙人掌肯定能撑过去，也许还会比以往更繁盛。

可惜事实并非如此。气候危机复杂难测，我们很难获得简单、直观的理解——也许是因为它无法被归纳为有着明确角色形象的简单故事。在这个故事里，没有纯粹的好人坏人，每个人都对结果或多或少负有责任，而对我们中的大多数而言，这不是一个好故事。

为了我们自己，也为了子孙后代，我们需要找到理解气候危机的方法。连仙人掌都在遭受苦难这种念头，也许会对此有所帮助——所以我们再把目光移回美国巨人柱国家公园，为了保护仙人掌和当地风光，这里早在 1933 年就被宣布为国家公园。多年来，人们一直通过重复摄影的方式监测公园状况：如果你在同一地点定期拍摄照片，那么只要比较照片，就可以直观地看出环境发生的变化。

拍摄电视纪录片《绿色星球》时，大卫·爱登堡站到了一片仿若戏剧舞台的荒野中，早在 1935 年，就有人为同一片荒野拍过照片。从山体轮廓中可以看出，两张照片拍摄于同一区域。第一张黑白照里可见繁茂的仙人掌林——不是圣佩德罗马蒂尔岛上矮小的植物群，而是

苗壮的典型荒漠植物。那是自然界最伟大的奇观之一。可惜，在第二张还原了真实色彩的当代照片里，大卫·爱登堡站在一片荒凉的大地上，周围几乎没有多少植物。两张照片，对比鲜明。

仙人掌的数量不如森林树木那样稳定，它们时多时寡，而巨人柱仙人掌的时间跨度以世纪为单位，这是人类难以从直观上理解的。巨人柱国家公园里的植物群落目前处于衰退期——但这里应当存在许多幼小植株，只是体量不及 1935 年照片里的那些。理论上，目前这片荒漠是小小仙人掌们的大大托儿所，等着它们成年后占据仙人掌林的一席之地。可是，这一切并没有发生。

当你探查自然界中某种情况的起因时，总会遇到这样那样的困难。这个系统太过复杂，无法总结出能取悦人类大脑的简单答案。你可能认为荒漠是个例外：这片土地水源匮乏、生物稀缺，所以事物的成因也相对清晰。但正如我们已经看到的，荒漠也不简单。即使在这里，生命的延续也取决于多重因素，涉及不同物种。我们必须意识到仙人掌的麻烦和保姆树的减少有关。当它们得到那些分布稀疏的荒漠树木保护时，能活得更好。在巨人柱国家公园成立以前，来此地冒险的人类经常为了柴火和其他目的而砍伐树木，这无意间助长了荒漠所遇到的危机。

如今，世界各地的荒漠都在变得越来越炎热和干燥。听起来这对仙人掌而言不是问题，其实问题很大：它们还没有演化到能忍受永无止境的高温与干旱。巨人柱仙人掌适应的，是 1935 年照片里的那种环境。从那时起，就和世界其他地方一样，物种演化的门槛被人为改变了。高温减少了霜寒的概率，看似提高了幼苗的存活率，但到了每年的炎热时节，更高的温度意味着植物需要更多的水。这些幼苗的储水能力不及成年植株，所以高温和干旱的状况的进一步加剧会导致仙人掌数量下滑。从 1950 年到 2010 年，美国西南部的年平均气温上升了 1.2℃，这就像把整片区域南移了 240 千米。麻烦到这里还没完，根据计算，到 2100 年，这里的气温还将上升 3℃～5℃。

我们也能看到些希望的迹象。研究发现，生活在陡峭岩石脚下的仙人掌数量下降较少，因为那里降水蒸发的速度较慢，但状况依然岌岌可危。在这个气候变化的时代，无论哪里的仙人掌群落都面临灭顶之灾。巨人柱仙人掌是这片荒漠生态的核心，有超过 100 个物种依赖它们为生，这就是所谓的关键物种：少了它们，环境中的整个生态系统都会崩塌。而现在，连硬汉都需要被保护了。

左上图

-

丰腴时代：摄于 1960 年的美国亚利桑那州巨人柱国家公园照片。

左下图

-

衰退时代：大卫·爱登堡所在的这片区域，就是 60 年前上一张照片的拍摄地。

SEASO
WORLD

NAL
S

四季更迭

我们这些生活在四季分明地区的人往往意识不到流年变幻有什么特别之处，这似乎是再寻常不过的事情。要寻找非凡的风光，我们会把目光转向荒漠和热带雨林。我们能从春夏秋冬的轮回交替中体悟出深深的喜乐，但很少为此震撼。

但我们应该感到震撼。如果以全新的目光去看待熟悉的风景，你会发现季节的变化竟如此彻底，就仿佛完全换了个地方。一片温暖怡人、充满生命低鸣的区域，6个月以后就可能化作了白色的荒野。也许只需要几个星期，灰暗的景观便充盈绿色，呈现出完全不同的色阶。听觉上，这里的变化同样惊人：呼啸的风声和偶尔的乌鸦哑叫，会被婉转动听的虫鸣鸟唱取代。分明四季作用下，温和友好的土地可以变得充满敌意、令人生畏。充满生机、欣欣向荣的地方，会化作死亡的辖区。似乎只要拨弄一下开关，生命就会大变样。

只有习惯了季节变化的韵律，你才能活在这种反差巨大的地方。你必须找到应对极端情况的策略。我们可能会惊讶于海滨生物的习性，因为它们必须应付每天两次的潮汐变化，既要遭受烈日暴晒，又得被淹没在水下。相比之下，温带地区一年间的变化其实更为极端。想象一个温暖的夏日，周围莺歌婉转，树林旁的草坪里，蝴蝶簇拥在花丛中，哺乳动物经过的痕迹依稀可辨。而6个月后，还是在同一个地方，北风呼啸，树木光秃秃的，地上毫无花朵踪影，更不必提虫鸣，目力所及之处只有几只看起来可能挨不到明天的鸟还在动弹。还有什么情景能比这更反差更大？

最惊人的奇迹可能就藏在我们眼皮底下，但要欣赏它们，你需要彻底转换视角。你每天通勤或者购物路上经过的某棵树，它非凡的程度可以和加里曼丹岛雨林里的参天巨木，以及美国荒漠里的巨人柱媲美。熟悉会滋生漠然，而非轻蔑。这一章讲述的，就是我们这些温带居民身边的奇迹。你途经的那棵树可能经历过100个春、100个夏、100个秋与100个冬，每一年都会发生从上到下、彻头彻尾的改变。它该如何应对这样的变化，如何面对轮换不休的季节？这棵树需要的功能性之多，雨林里的任何树木都无法比拟。几乎每一种季节性的陆地植物都是变化大师：它们能改变形状、颜色乃至生存方式。有些植物会陷入沉睡以避开恶劣的时光，有些则会死去，留下它们的子嗣在春天苏醒。

常绿植物则采用了不同的策略。一个春天，我去了英国北部的针叶林。我已经换上了为英格兰地区最寒冷天气准备的冬衣，结果发现自己还是少裹了一层内衣。天寒地冻的环境里，树木要年复一年地熬过冬

右图
－
季节不断变迁：冬日溪流里的橡树叶。（美国明尼苏达州）

翻页图
－
静候变化：大雪覆盖的树木。（芬兰北极圈附近的昆蒂瓦拉）

天，需要特殊的适应能力。这里庞大的针叶林有时候也叫作泰加森林，或者北方森林。我们熟悉的圣诞树锥状结构就是适应性的一种体现，它让雪容易滑落——不过这一招并不能永远奏效，有时候暖空气会带来湿漉漉的、温度略高于冰点的水，再加上大风，冰雪可能会在一棵树上大量积压，增加隐患。顾名思义，针叶树的叶子呈针状而非叶状，能减少水分流失，帮助树木在冬天节约能量。关于这一点，我们稍后会进一步介绍。这种策略还有个巨大的优点，即春天到来时，树木不用重新长出大量树叶来适应变化。为了抵御严寒，这些长着松果的北方针叶林会改变内部的生物化学成分，以应付高度脱水的状况。它们厚厚的树皮隔离了内部脆弱的系统

与外部环境。它们的松果保护了种子。更重要的是，针叶林保护了树木：茂密森林所产生的热量，让生长于其中的树木能熬过冬天。

所以，冬天主要是等待的季节，而不是死亡的季节。那些成功地熬过严寒的生物，必须在生存条件好转时立刻复苏，因为最棒的时光总是转瞬即逝。你可以把冬天想象成比赛前裁判喊的"预备"，只是时间拖得有点长，而地球上最伟大的运动员们蹲在起跑线上，别看一动不动，其实都蓄势待发，等待春天的发令枪 BANG 地响起。不过，就像英国短跑运动员林福德·克里斯蒂说的那样，那还不够，听到"B"的瞬间，你就得蹿出去。那些落后的就是失败者。越往北，大自然留给植物

的窗口就越短。它们必须在漫长的等待过后迅速反应、果断行动，从持久的忍耐转为最剧烈的运动。上一刻还寂然不动，下一刻就马力全开。雪已融化，勿失良机。BANG！

你可以为采取不同策略的树木划出一条地理分界线，把它标在地图上，不过要记住它只是对现实的简化。分界线以北的树木多为针叶树，南部多为落叶树，就是说它们冬天会让叶片脱落。随着季节变化，落叶树必须做好重新长出叶子的准备。它们得在BANG的"B"刚出现时苏醒。我们也不要忘记，错估苏醒时间有百害而无一利。要是树木对冬季反常的升温做出反应，那么温度重新降低时，嫩枝和幼芽就会被扼杀，那麻烦可就大了。所以，树木不会贸然行动，它们要等待春天的真正降临。目前尚不清楚树木到底如何判断时机，不过它们能对时间的流逝、日照的增加、白昼的延长做出反应。

我们需要认真观察落叶树改变自身的方式。每年的不同阶段，它们的生活方式都大不相同。许多动物以改变饮食模式来应对季节变化，还有许多动物，尤其是鸟类，选择了迁徙。它们改变自身位置，从一个地方转移到另一个地方。但是树木不能迁徙，它们只能在变化极端的土地上从一种生活方式转变到另一种生活方式（值得注意的是，如果我们改变了环境，这种策略就会帮倒忙，类似于往电脑上洒水）。

随着春天来到，这些"不能动"的树木立刻活跃起来。它们散发热量融化积雪，接受阳光。我们人类在冻过一段时间以后也享受暖烘烘的阳光，而树木的体会比我们深得多。树木像是童话故事里的睡美人，扮演英俊王子角色的则是太阳。对树木来说，冬天代表蛰伏，它们得最大限度地减少与外界的交互，甚至让叶子脱落，因为这样一来就无须进行光合作用。它们储存的水和糖分深藏在地底的根系中。当发令枪响，树木便自下而上地苏醒。让它重获生机的东西是树液——一种带有糖分的水。在树根储藏水分的压力下，树液向上涌动。而靠着树液的供能，树木长出新叶，恢复呼吸和生产养分的功能。如此一来，这棵树，还有整片森林都逐渐恢复了生机。这一切仰赖上升的树液，但激活它的，是不断延长的白昼和日渐温暖的阳光。

树液使树木获得新生，也为其他能得到树液的生物提供了养分。当然，树木不会刻意让出树液，然而林间有些动物能够穿透树木的防御，这对它们的存续至关重要。北美针叶树和落叶树的分界线附近，黄腹吸汁啄木鸟会在早春寻找糖枫树。大多数啄木鸟主要以昆虫和树皮上的无脊椎动物为食，黄腹吸汁啄木鸟却能凿进树木深处吸食汁液，常常在树

干上留下整整齐齐的一排孔眼。

初春的头几周，昆虫、嫩芽、叶子和花朵还来不及出现，森林里唯一的食物来源就是树液，所以许多物种的生存都离不开它。红喉北蜂鸟在喝到花蜜前必须先获取足够的树液，否则死路一条。它们会对黄腹吸汁啄木鸟留下的孔眼进行二次利用，并且舍命保护这些孔眼不被更壮实的同类夺走。花栗鼠、松鼠和秃面胡蜂也需要这些孔眼。偶尔还有从冬眠中醒来的熊对树木进行更大规模的破坏，也能帮到这些小生命。

为了自保，树木会封闭树干上的孔洞，吸汁啄木鸟则会再次凿开它们，不过树木能勉强承受住这些伤害，继续生长、繁荣，到来年春天再次遭到劫掠。这个过程中，生命度过了一季又一季、一年又一年。这是套复杂精巧的系统，就仿佛杂技大师把各种漂亮又脆弱的物件不停地从一只手抛到另一只手，这些物件在空中旋转、翻滚，而杂技大师看起来驾轻就熟、四平八稳。你可能会因此认为杂技会永远继续下去，其实只要稍有差池，整套系统就会崩溃，那些精巧的物件落在地上摔个粉碎，而演出就到此为止了。

春天的发令枪响后，任何想要活过这个季节的生物都得为自己找到或者抢到一片位置。这就是所谓的领地。我们已经习惯了动物的领地概念：春天，鸟儿以歌声来确认它们专属的觅食、交配与繁衍地点。水獭这样的哺乳动物会在显眼的位置排便，告诉同类这里被占据了。植物的行为与动物类似，也需要为自己争夺空间。毕竟，没有容身之地，就没有植物。

对植物来说，空间的重要性比动物更甚，因为一旦开始生长，植物就没法挪窝了，必须对周遭的一切物尽其用。我们看过雨林中一些植物会在大树倒下后产生什么样的竞争行为。对四季分明地区的植物来

组合图

左图
—
其他物种能从吸汁啄木鸟的行为中获益，比如这只松鼠。

右图
—
花季未至时，红喉北蜂鸟从吸汁啄木鸟留下的孔洞中汲取树液。

说，春天的到来也是类似的机会，只是这个时机更容易预测。现在让我们把目光转移到英格兰的一片空地。一年中最寒冷的几个月里，这里生命的活动陷入停滞，但随着温暖重现，植物开始彼此竞争，尽其所能地争夺良机。常春藤、木莓、蛇麻、荨麻和其他物种常常攀着彼此竞相朝天空生长，向着赋予生命的阳光冲刺。这是场胜者生、败者死的残酷竞争，在我们人类看客眼里却充满了生命的荣光。查尔斯·达尔文在《物种起源》的结语里就称赞"林木交错的河岸"充满了各种各样的生物，而这些生物都遵循了他苦心描述的自然法则。"这是种极其壮丽的生命观。"他如此宣称。他说得对。

这种生命观也包括了欺诈行为。我们在上一章描写过仙钗寄生，而在英国，一种叫作菟丝子的植物也以同样的方式生存着（世界上有 200 多种菟丝子，这种植物不仅存在于英国）。你能经常在河岸边发现一团团杂乱的红色丝线，好像没什么存在的理由，它们就是菟丝子。菟丝子有很多俗名，如勒丝、红草、巫师的网、魔鬼的肠、拉扯的丝、巫婆的头发。这些丝线与周遭的植

物相连，后者就是它们水分和养分的来源。它们呈红色而不是绿色，这清楚地表明它们不进行光合作用：它们的叶片已经退化成了微小的鳞片状。它们似乎只是一堆线，然而这堆线能开花，并且结出许许多多被风带着走的果实。

菟丝子的种子一旦发芽，必须在五六天内找到宿主，否则便会枯死。但这一过程并非纯靠运气，这些幼苗能通过化学线索来定位潜在的宿主，向那个方向生长。这有点像嗅觉：植物的化学感知器官感受到了刺激，并产生反应。实验表明菟丝子能分辨潜在的宿主植物类型。给菟丝子两种选择，一种是优秀的宿主番茄，一种是糟糕的宿主小麦，菟丝子会朝着番茄生长。如果移除番茄，但保留它的挥发性化学物质，菟丝子依然会朝那个方向生长——它嗅出了成功之道。

一旦附着在宿主上，菟丝子就像仙钗寄生那样，用吸根刺穿宿主的茎秆，深入输送水分的维管系统中。从现在开始，只要宿主还活着，菟丝子就能茁壮成长，而它的根因为失去用途，很快就会枯萎。接下来，通过在宿主身上缠绕、蔓延，它开始寻找附近的其他植物，一旦找到，

上图
－
美丽的寄生植物：开花的欧洲菟丝子。
（英格兰萨里郡）

菟丝子也会附着其上。这种方式让菟丝子避免了把所有鸡蛋放在一个篮子里。人们还发现菟丝子不会主动开花，相反，它们的花期与宿主基本一致。原来，它们为了更有效地利用宿主，监听了宿主的信息。但是遭寄生的植物也能反过来利用菟丝子作为沟通渠道，把遭到毛虫啃噬的信息传递出去，让邻居有机会建立防御，或者变得让毛虫难以入口。英国河岸上的达尔文法则，与热带雨林和荒漠中的一样鲜明、有效。

四季分明的世界里，时间与空间一样重要，因为时关生死。随着春天的温度、光照、水与养分抵达峰值，植物们知道是时候换挡了。每一株植物都清楚这个时刻，它不是什么秘密。当时机来临，植物们争先恐后地行动。在近乎世界末日般的狂热氛围中，无数花朵竞相绽放，创造出了人类所能见到的最美奇观之一。

整个世界仿佛都在盛装炫耀，尽其所能地吸引那些优势物种的目光。季节更迭的地区处处都是绚烂旖旎的景象，那些植物如同在大声宣告"我们要取悦这个世界"。英格兰地区的人们会慕名前去蓝铃花森林，因为届时整片林地一片蔚蓝，那是人们肉眼所能见的最美的蓝色。人们

还从彭布罗克郡的海岸乘船去斯科默岛欣赏一年一度的蓝铃花美景，那整个岛屿都成了蓝色，似乎它唯一的目的就是给人带去欢愉。类似的美景遍布世界各地：新西兰和冰岛有羽扇豆，美国得克萨斯州有矢车菊，南非有旱雪莲，中国则有杏花。

　　花朵确实在取悦人。它们不仅彼此争夺光和热、水分和养分，也得争夺包括蜜蜂在内的授粉动物，所以它们的生物学结构需要尽量引起外界的注意。事实上，我们人类会被花朵吸引，并不完全是巧合：我们认为花朵充满魅力，植物的根系则毫不起眼，很少会有人把根别在胸口或者纽扣里。花朵因其魅力，自然而然地得到了人类的青睐。动物王国中的许多成员也会在寻找花蜜和花粉时对美丽的花产生反应。通常情况下，这种行为对植物有利。

　　这不可思议的美景因生物的彼此竞争而存在，却又比这更复杂。植物们争夺授粉动物的行为，也可以算作一种协作。海量植物在同一时刻开花，会吸引大量授粉动物。授粉动物造访其他植物而不仅仅是自己，也符合每一株植物的利益，但前提是它们造访的其他植物和自己是同一

上图
—
成功寄生：这株齿鳞草寄生在古老的榛子树上，不进行光合作用；花朵是它唯一的可见部分。（英格兰德比郡峰区国家公园）

右上图
—
绽放的美：杏花盛开的美景会吸引来自中国各个省份的游人。（中国西北部的霍城县）

右下图
—
竞争还是合作？两者兼而有之。美国得克萨斯州的沙漠矢车菊和火焰草。

翻页图
—
时机已至：林间的蓝铃花盛开。（比利时）

物种，否则交配就会失败。正因为如此，世界各地鲜花盛开的景象既充满了竞争，也代表了合作，植物既为了自己，也成就了他人。

问题在于，它们怎么知道的呢？这依然是植物在季节变化环境下最令人费解的问题之一。植物需要拥有某种冬天的记忆，才能激发科学家们所谓的"春化反应"，也就是在春天苏醒过来。植物在寒冷中等待合适时机的机制叫作"冷钟"，那是种对低温和白昼长度的反应。温带白昼长短的重要性不亚于温度高低。在苏格兰北部海岸附近的设得兰群岛，夏季日照时间超过 19 小时，冬天则不足 6 小时。

有些种子不会在经历长时间的寒冷前发芽，毕竟要是在 11 月某个温暖的日子里抽出嫩芽，注定死路一条。

种子有能力倒数计时，也会对日照时长的增加做出反应，所以它们才能在合适的时机从大地上升起，去迎接阳光、温暖和大批的授粉动物。

放弃风媒授粉的植物极大地依赖于动物授粉，所以植物王国很大程度上倚仗动物王国。不过这交易没有听起来那么不公。我们之前也说过，整个动物王国的存续也间接地和植物王国联系在一起，真菌王国对于各种生命的延续也至关重要，它们荣辱与共。我们将在本章后面看到这一点。

植物必须尽其所能地吸引授粉动物。它们长出漂亮的花朵，有的还用气味给自己打广告。如果植物寻找夜行性授粉动物，那气味的意义更加重大。为了吸引动物，植物为它们准备了甘露，但要是来访的动物喝完花蜜就跑，那等于消耗了大量的能量却捞不到半点好处，所以它们得确保动物替自己完成授粉工作。

　　一些花朵的解决方案是把花粉撒向造访动物，如果进展顺利，这些花粉会被带往同一种植物的另一朵花上。鳌豆就会对寻找花蜜的果蝠使用这种计策。鳌豆生长在旧大陆的热带地区，常常作为饲料作物种植，也叫作猴罗望子和横滨丝绒豆。蝙蝠觅食的动作会导致这种花朵猛地打开，暴露出花药和雄蕊，从而喷洒出花粉。出人意料的是，这种植物在位于热带以北的日本地区也长势良好，而那里没有果蝠来替鳌豆授粉。原来，日本猕猴掌握了用手打开花朵的技巧，这同样触发了花粉的喷洒。为某种动物演化出的策略在完全不同的环境下也能生效。像这样的惊喜，你会在观察演化的过程中一次又一次地发现。

　　演化过程中，有些种类的熊蜂和它们赖以为生的植物发展出了相当密切的关系，甚至能激发植物的特定反应。它们可以通过改变翅膀振动发出特定频率的嗡嗡声，促使花朵释放花粉。研究人员通过音叉复现了这种现象，并称之为蜂鸣授粉或者音波授粉，即植物响应熊蜂的频率，通过共振释放花粉。许多花粉成了蜂房幼虫的食物，但也有不少被带往另一朵花，让植物完成交配和繁殖。这是种典型的互惠互利关系。其他蜂类，包括被人类驯化的蜜蜂在内，都无法复现出这种行为。实际上许多昆虫类授粉动物无法被蜜蜂取代，比如，蜜蜂没法很好地帮番茄、蓝莓和蔓越莓授粉，然而世界上许多地方都试图采取这类举措，尤其是美国，因为那里的许多野生授粉动物在杀虫剂的作用下走向了濒危和灭绝。

　　成功吸引授粉动物对许多植物的繁衍至关重要，而兰花是其中的佼佼者。兰花中的一些成员为开花所做的准备工作之充足，简直在追求成功授粉的路上走过了头，它们和授粉动物之间的关系不但强烈，往往还富有戏剧性。最极端的例子之一，位于澳大利亚西南部的昆冈灌木地区。

　　昆冈地区属于地中海气候，那是一种典型的季节性气候——所有的季节性气候都大同小异：冬天寒冷潮湿，夏天炎热干燥——只是和英国以及美国北部相比，它更为温和。你可以在世界上许多地方找到地中海气候带。当然，这其中肯定包括地中海周边的 21 个国家。美国的加利福尼亚、墨西哥的下加利福尼亚、智利、阿根廷、南非好望角、巴基斯坦西部和澳大利亚西南部也有地中海气候。昆冈荒原的面积和英格兰相当，但拥有惊人的植物多样性：这里的维管植物有 7000 多种，而且 80% 是特有种，英格兰只有约 1500 种维管植物，独有品种仅仅 47 种。

左图

—

相互依赖：帕拉斯长舌蝠以牛眼藤为食。（哥斯达黎加低地雨林）

翻页组合图

左图

—

蜂鸣授粉：虎克百合木对刺激做出反应，释放花粉。

中图

—

音叉的刺激下，雪花莲释放花粉。

右图

—

金属绿隧蜂在啜饮黄花刺茄花蜜的同时也为其授粉；它翅膀的嗡嗡释放了花粉。（美国亚利桑那州）

在这种地方，你往往会发现生物表现出极端的适应形式，而锤兰无疑是其中一种。昆冈地带土壤贫瘠，植物必须储存养分，耐心等待时机。对季节性植物而言，时机的选择，尤其是花朵能否在正确时间绽放生死攸关。草木是非常特殊的"草本乔木"，它们会在条件成熟时开出尖顶似的总状花序，花期与寻找花蜜的小型胡蜂活跃时间吻合。但锤兰演化出的策略更为激进，能引诱这些胡蜂离开它们原本的目标。

这种花对无翅雌性胡蜂形状和气味的模仿以假乱真。雄性胡蜂对锤兰的迷恋，甚至超过了对真实雌蜂的喜好。这种兰花有合页似的结构，当雄蜂抓住假冒的雌蜂想要交配时，它会向前运动导致合页弯曲，接着被头上脚下地倒扣在花上，遭到单根雄蕊的捶打，后背黏上两个花粉囊或者花粉块。雄蜂会几次试着去抓冒牌雌蜂，却只能不停地撞

上图
-
完美的位置：疣状锤兰的合页结构可以将昆虫移动至接受花粉的完美位置。（澳大利亚珀斯南部）

击花朵。当它终于放弃，飞向另一株锤兰时，会又一次被掀翻、捶打，只是这回把花粉囊传到了雌蕊上。垂头丧气的倒霉雄蜂继续寻找爱侣，然而还有其他锤兰等在它的前方。到头来，雄蜂一无所得，雌蜂也没能受精，饥肠辘辘，只有兰花凭着出色的模仿能力，迎来了一年一度的大胜利。

对胡蜂来说，这怎么看都是坏消息，尤其是那些没有翅膀的雌蜂还需要雄蜂载着它们去草木顶上觅食、产卵。反过来说，锤兰想一直繁衍下去，需要每年都有一批愣头愣脑的胡蜂替自己卖命，要是戏耍了所有的雄蜂，阻止它们与雌蜂交配，最终胡蜂减少，会适得其反。之所以没有发生这种灾难，是由于锤兰花期远远短于草木，雄蜂被折腾过一段时间后，能找到——也许只是它们的第二选择——真正的雌蜂。第二年的

新一代雄蜂会再次满足锤兰短暂的授粉需求，然后才把注意力转向真正的雌蜂和草木。

在南非的东开普省和西开普省，争夺授粉者的竞争可能更加激烈。属于地中海气候环境的弗因博斯植被带的物种多样性高到令人吃惊。这片并不算大的地方物种数量之多，独特程度之高，被认为是世界上仅有的 6 个植物区系之一（有时候区系会被笼统地叫作王国），也是地球上植物多样化程度最高的地方。弗因博斯植被带位于南非从东海岸延伸至西海岸的狭长地带中，最宽的地方不超过 200 公里，占了该地带约一半的土地面积，以及 80% 的植物物种。对于弗因博斯植被带物种多样性的估算差异很大，不过构成它的植物种类接近 9000 种，其中的 70% 你无法在世界其他地方找到。松雀茶就是其中之一，它被培育成了一种优秀的无咖啡因茶。

我们已经知道，许多生活在四季分明地域的植物为了争夺（其中可能也有合作）授粉动物，创造出了一年一度的花海奇观，这些地方的美景是否胜过昆冈地区，取决于你的个人品位和乡土情结，但弗因博斯植被带无疑拥有世界上最绚烂的花季。不过在目眩神迷之余，我们也要注意到其中的一个异类：垂筒花。难道还有比彻底不竞争更好的竞争策略

上图

-

清理与重生：野火席卷南非开普地区的弗因博斯植被带。

右图

-

一株垂筒花。（南非开普地区）

吗？这种植物看似放任自流、与世无争，其实剑走偏锋，对所处环境的利用效率不输植被带中的其他选手。

垂筒花又叫火百合，这个名字已经暗示了其中奥秘。弗因博斯是一种石楠荒原，这里夏季干燥，土壤贫瘠，地表开阔，植被低矮。不难想见，这里很容易受到野火侵袭。火灾在石楠荒野里是常见现象，在过去的千百万年，这里一直经历着火灾与重生。据统计，弗因博斯植被带中每年有 3.4 亿公顷土地被野火吞噬，许多物种都把火灾当成了生命周期中的固有部分，我们也确实很难在这里找到寿命超过 20 年的植物。这种策略也是一种对时机的把握。与雨林和荒漠中的一些植物不同，弗因博斯植被带中的大多数植物浪费不起时间。火

灾和毁灭迫使生态系统中的生物匆匆忙忙地成熟和繁衍后代，否则它们就会走向灭绝。

但是垂筒花选择退出竞争。每年的绚烂花季时，垂筒花在土地里默不吭声，几乎像在生闷气。它们在这个阶段是一种球茎——一种变异的茎秆，能储存植物所需要的养分。球茎无须发芽，它们早已准备就绪。许多植物能以球茎抢占先机，如水仙花会在春天露出第一缕迹象时从球茎中迅速迸发，比那些得从种子里发芽的植物更快。垂筒花也在等待。然而它等待的不是春天，而是野火。

弗因博斯植被带通常有数百种植物同时开花，但火焰席卷过后，地表会被清理得干干净净。然而火灾

过去的 4 天之后，垂筒花的嫩芽就出现在了地上。触发它们生长的不是热量，而是烟雾：球茎对烟雾中的化学刺激做出反应，随即苏醒。垂筒花迅速开花时，是方圆数里内唯一的花。它们并不亮眼，很难与其他弗因博斯植物竞争。可是它们不需要竞争。在黑灰色的背景中，这些小小的色彩所释放出的信号，足以媲美最美艳的花——这是没有竞争者的世界。垂筒花的世界。它们结籽、枯萎、死去的同时，其他植物的种子才刚刚从焦黑的土壤中发芽。生命的循环就这样继续下去：弗因博斯的生态恢复，各个物种登台亮相，创造出让人们（还有蜜蜂）眼花缭乱的美景，垂筒花则退居地下，等着下一轮野火。这一等，可能就是二十载。

随着穿越植物王国之旅的不断深入，植物在我们眼中正变得越来越有意愿、有能力在刺激下做出反应、抓住时机、采取行动。与此同时，我们也越来越清楚地认识到这些描述只是修辞，是一种方便但不准确的类比方式。我们说植物"决定"或者"认为"应该做某事的时候，需要加引号吗？我们正在深入危险区，而引领我们的就是植物。

传统观念里，植物是完全被动的物体。它们不会移动，只能生长。这种说法是亚里士多德在公元前 4 世纪定调的，不过人类无疑从诞生之初就这么认为。直觉上来看，这种说法正确无误，因为我们只能以肉眼观察事物，在人类的时间尺度上行动。直到 20 世纪使用的延时摄影技术才让植物的运动变得清晰可见，为人类所理解。在《绿色星球》的拍摄过程中，这项技术又走上了新的台阶。如今我们能够理解——或者说能够看见，哪怕像郊区草坪上的雏菊这般平凡的植物，也是鲜活的、运动中的生物。

约翰·温德姆 1951 年写了本科幻小说《三尖树时代》，主角是噩梦般的植物。这种植物能行动、思考、协作，当然还会攻击人类。植物会行动的想法吓到了不少人。约翰·温德姆以老练的笔法，赋予了这些抱着明确目的前进的植物骇人的形象。（故事里，人们种植三尖树是为了获得油料，而近年来，对石油的贪欲导致世界末日这种设定也越来越为人熟知。）许多人都听说过会杀人的三尖树，但大多数人没有读过这本书，甚至不知道它的存在。然而草坪上的雏菊，确实在它短暂的生命中每天都抱着目标和决心在行动。

雏菊（daisy）原意为白天的眼睛，可算名实相副。雏菊长得像太阳，而太阳就是白天的眼睛（莎士比亚在他最著名的十四行诗里说"天上的眼睛有时照得太酷烈"）。雏菊每天都张开、收起花瓣。好像它们一到晚上就闭上眼睛以免受寒冷与潮湿侵袭，第二天的阳光来临时再次睁

开，准备从太阳那里吸收尽可能多的光与热。

花瓣的张开、收起是一种动作，然而雏菊的动作远不止于此，它们还会扭动脖子，追寻天空中的太阳，这就是所谓的向阳性。你在晚上看到雏菊收起花朵（准确来说它们是花序，由不止一朵花组成），脑袋向某个随机方向耷拉；一旦天亮，又整齐划一地抬头转向太阳。

这一运动归功于花冠下方的运动细胞。植物通过改变细胞内的钾离子压力，使它们绕着被称为"枕部"的柔韧部位运动。在凉爽的气候中，此举有两个好处。首先，朝向太阳会温暖花冠，这本身就能吸引授粉动物。因为温暖的花朵可以赋予热量，阴冷的花朵带走热量。其次，太阳的热量会刺激花粉产生：花粉越多，植物繁衍的概率就越高。追着太阳生长的植物能为潜在的授粉动物提供更多更优质的花粉。生物王国之间彼此滋养、彼此依赖，也彼此利用和被利用。这是生物存在的基础。

同样的原则也适用于北极狐。北极狐会修建花园，这些花园有利于植物群落的生长，并进一步帮助到生活在其中的所有生物。北极狐是极北地区的"万能布朗"[1]。它们的花园只是无心之举，就其结果而言却对许多植物和动物有非常深远的影响。高纬度地区植物生长、开花和结实的窗口期本来就很短，再加上北极地区土壤贫瘠，植物的生存条件恶劣得令人绝望。倘若能利用北极狐的花园，它们成功繁衍的概率便会增加。这一切是因为北极狐洞穴周围的土壤比其他地方的更肥沃。极地周边气候的季节变化比地球上任何地方都剧烈，而且土壤异常贫瘠。它既可以被归为一种荒漠，也算季节性气候地区。在这里讨生活的植物要面对双重挑战：极其狭窄的活动窗口期，以及极其贫瘠的土壤。

许多北极植物会结出大量的种子，让它们随风飘扬去远方。我们已经知道，这种看似撞大运的策略其实是一种数字游戏：你结出的种子越多，其中一两粒落在好地方的概率就越大，繁衍成功的概率就越大。所谓的好地方，就是养分超过苔原平均值的地方，比如北极狐的花园。

北极狐会在温暖的月份里寻找巢穴。这些巢穴往往有些年头，被反复挖掘、使用过，也许还得到了扩大、改进和修复。更重要的是，许许多多狐狸曾经在同一个地方出没。每年较亮堂的那几个月里，巢穴是狐狸的活动中心。北极狐在巢穴里养育的幼崽数目是食肉目动物之最，一窝可以多达 25 只。巢穴周围半径 20 米以内是幼崽成长过程中最核心的

左图
—
带着明确目的行动的植物：追寻阳光的木春菊。

1　即英国园林设计师兰斯洛特·布朗，他对于英格兰风景园林的形成具有重要推动作用，"万能"是他的外号。

区域。可以想见有多少狐狸在这里滋尿排便，滋润了土壤。就像我们上一章中提到的鲣鸟在圣佩德罗马蒂尔岛上营造了矮小的仙人掌林那样，狐狸带回巢穴的食物也起到了同样的作用：它们的最爱是夏天来到极北地区繁殖的雪雁，旅鼠则是全年的主食。狐狸吃剩的食物肥沃了土壤，塑造了这个以狐狸巢为核心的繁荣生态圈。

一代又一代狐狸住在相同的巢穴里，最终极大地改变了周围的景致。狐狸巢通常位于海拔稍高处，因为不论是寻找猎物还是规避捕食者，视野更开阔总是好事。那些位置优良的巢穴得到了年复一年的使用，花园也在不经意间越来越繁茂。用专业术语来说，北极狐是生态系统工程师，把家园变成了项目核心。从高空往下看，这些极北荒漠中的圆形肥沃绿洲很是显

眼。你在这里可以找到莱姆草、菱叶柳、虎耳草、北极龙胆等其他花卉。

这样的地方自然会引来植食动物。其中的一些，比如驯鹿，不在狐狸的捕食范围内，但它们会在尽情享受花园馈赠的同时留下粪便。另一些动物，如旅鼠和北极兔，则是北极狐的猎物。所以花园可以被视为某种储藏室，狐狸滋养植物，植物喂养植食动物，而植食动物填饱了狐狸的肚子。对旅鼠而言，花园还有额外的优点：冬天来临时，花园的雪能比其他地方厚 4 倍，这是因为被掩埋的植物隔绝了热量。对生活在雪下的旅鼠来说，这一点很重要。这个时节的北极狐会跟着北极熊四处游荡，不直接捕食旅鼠。而北极狐离开后，花园继续滋养和维持了旅鼠的数量：旅鼠种群数量总是规律性地大起

上图

—

窗口期：许多植物在 6 月的同一时段开花。（奥地利北蒂罗尔的高山草甸）

左图

—

万能狐狸：北极狐在苔原上无意间修造的花园给大地带来了生命。（挪威斯瓦尔巴德）

翻页图

—

夏日、花园与狐狸：七月的北极狐幼崽。（冰岛豪斯川迪尔自然保护区）

大落，这自然会影响它们最主要的捕食者——狐狸的数量。健康的旅鼠种群对狐狸有好处，而堆积了数个世纪粪便和遗骸的花园——其中有许多是旅鼠的遗骸——有助于保护旅鼠的安全。旅鼠经常居住在狐狸巢的正上方，可以说，它们利用了自己的天敌。当万物生长的季节又一次到来后，这些花园中植被结出的种子，可能被风带走，去另一座遥远的花园落脚，并在肥沃的土壤中生长、开花、结果，而它们的种子被风再一次带往远方，如此周而不息，形成了极地的生态。

生命追求繁衍的本能使四季更迭的地区出现了鲜花一齐盛开的壮观景象，而在此之后，必然是大规模的播种。总的来说，植物生存的目的就是产出种子，繁衍后代。所以继花朵争奇斗艳吸引授粉动物后，它们必须继续竞争，抢夺最好的种子生长地点。这项工作必须尽快完成，因为冬天并不遥远，届时地面会变得硬邦邦的，再加上低温，不适宜植物活动。

　　成功繁衍后代的条件之一在于让它们与母株保持适当的距离。植物当然希望后代苗壮成长，但多年生植物——那些想活到来年的植物——不希望子嗣反过来和自己争夺生存资源。原产于加拿大和美国的草原堇菜通过喷发的方式散播种子，这样种子会落在离母株不太远的地方。这么做有两点好处。首先，种子的发育环境与母株很可能相近，适宜其生长。其次，它不会对母株构成威胁。我们还能在喜马拉雅凤仙花和喷瓜上发现这种简单而有效的策略。

　　但远距离散播种子对植物而言同样是好事，这给了它们更多开疆拓土的机会。当然了，要是种子在远方安家的环境和母株类似，无疑更棒。如果有谁乐于助人，帮忙把种子带去远方，那简直再好不过。这就是为什么许多草原植物利用野牛来帮忙。一些植物让种子演化出了钩、刺和黏性，好方便它们附着在野牛的四肢上。哪怕没有这种特殊结构，

上图

—

木百合种子离家远行。黑色的种子如同悬挂在粉色的降落伞下。遇上合适的风，它们能飘荡到数公里之外。（南非）

右图

—

温和的喷发：喜马拉雅凤仙花喷发出种子，让它们落在离母株有一定距离的地方。（英国萨里郡、冰岛豪斯川迪尔自然保护区）

许多种子也会和野牛的毛发纠缠在一起被带去远方。这些种子可能会在野牛身上附着很久，而对随着季节变化长途迁徙的野牛来说，时间意味着距离。它们春天向北迁徙，寻找新鲜的草料，季节变化水草不再丰美后，又会回到南方。

你可能已经意识到了这种策略的缺陷，那就是野牛数量的减少。19 世纪初北美有 6000 万头野牛，100 年过去后只剩下了 300 头。尽管在那之后野牛种群数量有所恢复，但千万年来的生态系统已经被毁。欧洲人抵达前就存在的荒野面积如今只剩下了 5%，还散落在一系列孤岛上。这不仅是野牛的噩耗，对依赖它们繁衍的植物而言同样如此。这是人类改变演化门槛的一个经典例子。

好在野牛数量虽然减少，龙卷风却依然很多。开阔的草原本就多风，极端天气相当常见。你可以在美国中部划一道从得克萨斯北部到南达科他州的南北分界线，沿线区域传统上被称为龙卷风走廊。和上一章的哈布风暴类似，植物利用这种暴烈的天气为自己传播种子。龙卷风走廊穿过的州，每年平均遭遇 10 次龙卷风，受直接影响的土地面积近 26000 平方公里。通常，龙卷风的风速超过每小时 160 公里，会在宽至 80 米的锋面上移动数公里，但偶尔也有在风速超过每小时 480 公里，锋面宽达 3 公里的情况下移动上百公里的怪物。对种子而言，这是无与伦比的时机，它们会被吹上高空，落往随机地点。当草原幅员辽阔时，这是套非常有效的传播系

统，可是现在效果不那么确定了。尽管如此，古老的规则没有改变：只要你生产了许许多多种子，其中一些落在优良生长地点的概率便会大大增加。过去几个世纪以来，传宗接代的机会已经降低了不少，但植物依然在尽可能地维持着它们的种群数量比例。

如果刚才那些话听起来像在说植物拥有智力和计算能力，那是我的错。不过，当你遇到像镊被灯草一样聪明的植物时，难免会这么想。这种植物位于南非弗因博斯植物带，生长环境在本章提及垂筒花时已经描述过。正如我们知道的，该地区季节分明，火灾泛滥。镊被灯草在盛夏开花，雨季来临时播种。在季节分明的地区，时机的把握非常重要，但镊被灯草选择的时机不同寻常。这种植物使用了极为高明的骗术：为了欺骗蜣螂，它们在这种昆虫最活跃的时候撒下种子。

蜣螂一直以来都让我们着迷：它们推着比自己身体还要大的粪球，在凹凸不平的地面上踯躅前行，终于找地方埋下粪球后，它们又在那温

上图
—
惨遭欺骗：这不是蜣螂需要的羚羊粪便，而是一颗镊被灯草种子。它模仿粪便，让蜣螂把自己埋于地下。（南非德胡普自然保护区）

右图
—
永恒的变化：秋天的落叶林。（美国缅因州阿科底亚国家公园）

翻页图
—
初雪：美国缅因州高地的十月。

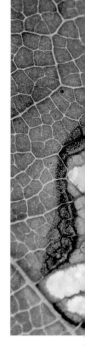

暖、腐烂的物质中产卵。在我们看来，蜣螂的行为包含了各种令人钦佩的特质，比如，自我牺牲、关爱子嗣以及劳动的尊严。

镘被灯草让种子模拟粪便来达成自己的目的。每株镘被灯草会产下大约 50 颗种子，每颗种子看起来都像一团粪便——生活在弗因博斯、伊兰地区的羚羊和白纹牛羚的粪便。更重要的是，它们闻起来也像。这双重欺骗足以迷惑当地的两种蜣螂。这些诱人的粪团直径约 1 厘米，特别圆润，容易滚动。对蜣螂来说，它们是世界上最美妙的物体。

所以它们把种子滚走，埋到地下。两种蜣螂中较小的那种一次埋一颗种子，这对镘被灯草而言更有利；较大的那种一次则埋十多颗种子或者粪球。两种蜣螂都不会把种子带到离植物太远的地方，但这不是问题。就像弗因博斯生态系统中的许多植物一样，镘被灯草种子是不会在火灾发生前发芽的。火灾会摧毁它们的母株，为这些继垂筒花之后冒出地面的新芽留出大量空间。至于蜣螂，当它们想进食或者往自己辛辛苦苦埋下的粪球上产卵时，会发现自己上了当，只能出门去另寻机会，可能结果往家里又送回了一颗镘被灯草种子。这些种子实在过于诱人，蜣螂甚至愿意为了争夺它们而战。

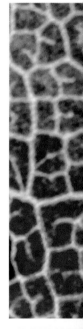

植物一旦留下种子，使命就算完成了——至少暂时完成了。有些种子会在短短一个季节内发芽、生长、枯萎、死亡，并希望自己留下的新种子也能在以周为单位的短暂生命中活出光彩。这些植物不知冬寒：对埋于地下的种子而言，冬天根本不存在。目光更长远的植物需要找出不同的策略：在季节性气候环境下，酷寒似乎是无法逾越的障碍。

北半球多数国家里，夏天和冬天的风光差异之大，令人惊叹。季节决定了这些国家的生活节奏，连耕地也会随季节呈现出完全不同的状态：先是小麦由绿转黄，然后大地变得光秃秃的，接着，麦茬或者冬小麦被霜雪覆盖。至于这些国家林地里的巨变，那简直像超人变回了克拉克·肯特。

对不习惯季节流转的人而言，这些变化大得不可思议。冬天是每棵树每年都需要面对的存亡危机，如果找不出应对策略就难免一死。有个冷战术语叫"危机重新部署"，专门用在那些令人担忧的核武器上，意思是灾难发生时你已经逃到了别的地方。许多习惯短途和长途迁徙的鸟类就是这么解决难题的。当冬天降临它们的家园时，那些候鸟已经去了别的地方。

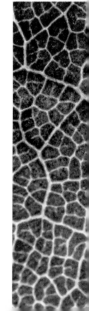

这是个好办法，但前提是你有翅膀。有些哺乳动物会找地方藏起来蛰伏一整个冬天，其间靠储存的脂肪过活，只有当温暖的阳光重回

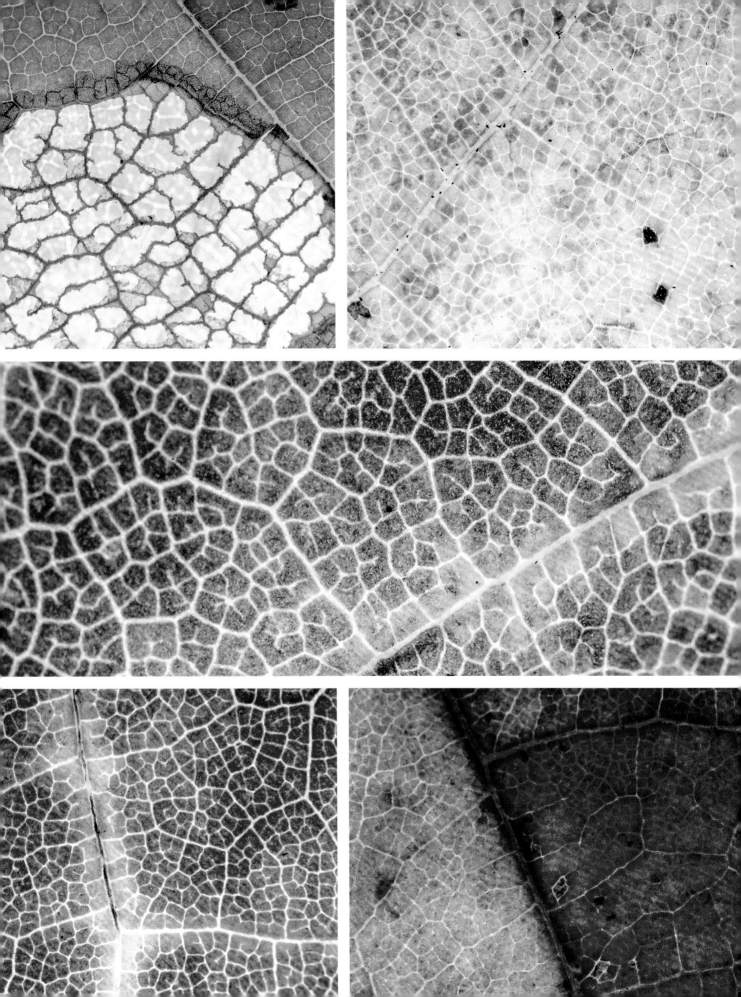

大地时，它们才醒来。树木不会飞翔，也不会躲藏，整个冬天它们甚至没法获取养分。既然无法以既往的状态存活，它们就把自己变成了别的东西。

树木的生命由树叶提供。树叶的光合作用制造了养分。可是冬天一到，这些赋予树木生命的部位就成了累赘。低温会导致叶子内部的水分冻结、膨胀并破坏细胞壁。即使不考虑这点，树木也很难从冬季短暂的日照中获得足够的热量来进行光合作用。针叶树能应对这种状况，是因为它们细小的针叶被树脂覆盖，这层蜡质保护树叶不至于失水和冻结（全球共有约 3 亿棵针叶树，其中一些被当作圣诞树带了人们的家里。它们象征了坚韧不拔、度过艰难冬日的生命）。

但那些非常绿树——它们在夏日尽全力舒枝展叶，获取阳光——必须采用其他的应对方法。这种做法多少有点像把自己颠倒过来。和春天发生的事情截然相反，树木会抽走树叶中的所有养分，把它们送回根部。树液、养分、水、糖分，所有这些物质都在沉降。春天时上升，滋养了美洲吸汁啄木鸟的树液现在又下沉归位。

叶绿素是吸收光能，并让光合作用产生的分子，也是树木做过冬准备时首先分解的分子之一。树木这样做是为了回收养分而不至于浪费。只是如此一来，树木，或者说它们的叶子就不再是绿色的了。叶绿素被移除后，会露出其下的黄色与橙色。这一复杂的过程创造了一年一度的死亡，以及预备新生的盛景。

随着这个过程继续，树木会朝每片叶子释放一种化学信息，导致叶片底部在其他细胞生长时削薄它们的细胞壁。这类似于在纸张上打孔，变得更容易撕破。所以秋天的树叶其实不是"落"下来的，而是"撕"下来的。

落叶还有别的好处。少了风帆一样的树叶，树木的风阻大为降低，这减少了它们在狂风中受损乃至倾覆的可能。另外，当春天回来时，有些树会在长出叶子前先开花，这些树利用风媒传粉会更加容易。对昆虫和其他授粉动物来说，没有叶子方便了定位花的位置。

落尽树叶后的树木光秃秃的，无法为自己供能。它们只能消耗储存的资源，直到季节再次变化，白天越来越长，温度越来越高，世间充满光明。随后树液上升，叶子长出。这些叶子会攫取每一分钟、每一小时、每一天里倾泻在身上的阳光——直到地球的倾角重新改变，寒冷的日子回来。

在描写大自然非凡的伟力时，人们总是倾向于把一切都描绘得尽善

尽美，仿佛大自然是个完美的永动机，一点错都不出，而且永远如此，但事实没有这么美好。世界无时无刻不在改变，这不是单个有机生物能说了算的。不断变化的环境可能给某些物种带去灭顶之灾，同时给了另一些物种崛起的机会。我们提到了生物如何完美地把握时机，然而重在时机的季节性气候环境也会发生暂时或者永久性的改变，生物也可能犯错，结果错过时节，没赶上窗口期。这就好比尤塞恩·博尔特在很多人眼里是个完美的运动员，可是他也会错判时机：2011 年世界田径锦标赛男子 100 米决赛时，他因为抢跑被取消了比赛资格。同样，有些非常适应季节变化的生物会搞错情况。我曾经在 11 月下旬的英格兰见过一只燕子，它错过了迁徙到非洲的时机，肯定会因为缺少食物（飞虫）而为这份鲁莽付出生命的代价。

植物——我是说野生植物，而不仅仅是园丁们精心栽培的庭院植物——可能会受到气候猛烈变化的影响。举个例子，四季更迭的地区可能在深秋和初冬时节骤然降温，土壤仍然温暖舒适的同时，空气温度远低于冰

点。遇到这种情况，植物深扎在土壤里的根系可能试图继续生命的进程，但上方的气温不但会使这种努力徒劳无功，还可能导致毁灭性的结果。

这种情况下，你可以见到冰花——有时候也叫霜花，但它们其实并不是花，反而代表了一场美丽的毁灭，让人想起莎翁笔下的英雄充满诗意的临终演讲。由于严寒，这些植物在地表之上的部分汁液冻结——树木就是为了避免出现这种状况才狠心脱落树叶——而水在冰结后会膨胀，所以会在植物的茎秆部分形成裂口。我们在第一章讨论过植物的毛细作用，正是在这种作用下，水分被吸往裂缝，与空气接触时冰结，又被后来的水从裂缝中挤出，最终形成了类似花朵的形状，美得动人心魄又短暂易逝，这让我想起鲍勃·迪伦的歌词：城市之花，似生实死。

我们在本章中大肆赞美过季节性植物对时机的精准把控能力，但这里展示了一个小小的、美丽的，同时令人忧心的例子。植物受到丁点干扰，导致判断时机略有差池，就可能产生这种结果。而当季节变更模式大规模

变化时，它们同样会犯错——这恰恰是世界各地正在发生的事。我们将在之后几页再次讨论这个话题。现在，让我们记住霜花，以及当植物和季节错位时会发生的事。

我们已经看过树木如何在春天苏醒，树液如何上升，又如何得到其他生物利用。与之相反的过程同样影响了除了树木之外的许多生灵。比如，沉入树根的树液为另一种完全不同的生物类型创造了机会，它们就是真菌。秋天漫步于林间时，你肯定能看到真菌大量繁殖的场景：它们神不知鬼不觉地从树干上长出，围绕住树根，又在你不经意间消失。你可能看到了某些真菌一两回，但当你下一次经过同一个地点时，它们又

邪魅之物：苏格兰高地因弗尼斯附近针
叶林里的毒蝇伞。

不见了。我们的好奇心会很自然地被这种古怪的生物勾起。

然而事实是，真菌一直都在那里。树木想要活下去，就不能少了它们。蘑菇或者伞菌并不是完整的真菌，我们可以把它们比作树木的果实。你不会把苹果误认为苹果树，把橡子当作橡树。真菌可见的部分，同样只是一个更大的故事中的一小部分。

传统的观点认为真菌是树木的敌人，它们在吸收树木养分的同时滋生疾病：真菌越少，林地越好。实际情况却恰恰相反。没有真菌，树木的生存状态肯定会大幅恶化，甚至不复存在。

为了理解这点，我们得先摒弃传统的真菌观念。我们心目中的真

菌，要么是超市塑料盒里的蘑菇、意大利烩饭的经典材料，要么就是遍布斑点的致命毒伞菌。但我们肉眼可见的真菌，不管是长在木头上还是餐盘里的，都不过是子实体，或者说真菌用来向空气散发孢子，繁衍后代的结构。真菌的剩余部分呈丝状，而这些菌丝才是真菌的本体。我们平时所见的那些只能算是真菌生产的结果。对于菌丝体，我们要了解的第一个事实是它们数量不明。许多菌丝太细，肉眼无从辨识。你能在 1 克——相当于 1 勺——土壤里找出 600 米长的菌丝。你要是抓一大把这种土，就得到了数千米长的菌丝。这是种我们无法轻易理解的生命形式，它们穿过土壤，缠绕着树根。

当它们这样做的时候，自然界中最非凡的羁绊便诞生了。之前提过，真菌不是植物，反倒更接近我们——和动物类似，真菌是异养生物，而植物是自养生物。真菌以植物生产的碳水化合物为食，与此同时，植物从真菌那里获得了所需的水分和氮、磷等营养物质。真菌能从土壤中获取这些物质并传递给植物，是因为它们拥有植物不具备的酶。植物和真菌互惠互利，也许失去其中任何一方，另一方都无法继续生存。

地表之下，菌丝四处蔓延，连起一棵又一棵树，就这样布满整片森林。有时候，这些树属于同一种属，有时则不然。这些树无法接触彼此，却可以通过菌丝网络沟通交流。这就好比我们在 2019 新型冠状病毒肆虐期间不得不待在家里，但始终连着互联网。森林里的所有树木都加入了这个网络，而且不会在参加哪个重要的网络会议时突然掉线。

通过这种方式，那些在树冠层畅享光明的高大树木可以将一些养分输送给次优条件下的同伴——那些不够高大，无法直接触及阳光的植物。这像反向的寄生，它们不从宿主那里劫掠资源，反而把东西给予别人。这种典型的利他主义可能令人费解，但换个角度想，在巨树阴影中的幼芽，很可能是它们自己的子嗣。难道巨树会有意识地寻找后代并赋予馈赠吗？这问题令人头晕，但所有连上菌丝网络的东西，确实都有让人啧啧称奇的能力。

所有树木都能因其所在群体的壮大而获益：森林越大，树木遭受灾难性天气的影响就越小；离森林边缘越远，树木越安全。树木协助森林扩大，也是为了自己的福祉。

森林里的一棵树受到某种疾病影响时，相关信息会通过菌丝传达给网络里的其他树木，促使它们在未受影响时便开始增强免疫系统，分泌抵御疾病的化学物质。这是种预防性的手段，有点像打疫苗。这意味着一旦疾病袭来，每棵与真菌网络相连的树都能更快更有效地应对。

左图
-
真菌本体：松树根部的菌丝。树木和真菌是自然界最牢固的羁绊之一。

翻页图
-
巨人家族：巨大的红杉树干后方有一些较小的同类植物。（美国加利福尼亚州红杉国家公园）

不止疾病，遭遇森林管理员或者树木眼中的破坏性动物时，这套网络系统也能发挥作用。实验已经证明，通过真菌网络连接的蚕豆类植物在其中一员遭遇蚜虫啃咬时，会彼此报告状况，让邻居产生化学物质，准备好给蚜虫迎头痛击。

但这套网络也有令人胆寒的一面。有时候，植物会通过真菌网络向邻居传递毒素，让对方难以立足，或者干脆死亡。如果说我们从这件事中获得了什么道德教训，那就是大自然没有道德的概念。毕竟要讲道德，前提是能辨别善恶。

我们对"树联网"的了解还很粗浅，目前我们真正能从中学到的，是生物的多样性广度与深度超乎想象，绝非不同生物相加那么简单。真菌需要树木，树木也需要真菌。这种关系中蕴含着力量和韧劲：看似庞大而强悍的生物，竟然需要微小，甚至难以察觉的生物来维持生存。这只是生物多样性庞大系统中的一小部分。所以，就让我们看看这颗星球有史以来最庞大、最古老、最强韧的生物是如何存活下来的吧。

加州红杉是常青树，针叶不会在冬天脱落。冬天也是它们开花结果的季节。加州红杉曾经分布在更加广阔的范围内，但千万年来的自然气候变化导致数量下降，如今仅仅存活在加州的一个小角落里。加州红杉不算世界上最高的树——获得这项殊荣的是它们的另一种近亲红杉——但肯定是最大的。它们是地球上现存的最大个体生命（你能从太空看到大堡礁，不过那是由无数珊瑚组成的），很可能也是有史以来最大的。

很显然，成年的红杉需要大量的水。一棵 90 米高的大树每天需要至少 2000 升，最多 4000 升水。这种规模的水资源不可能得到日常稳定供应。为了活上 3000 年，加州红杉必须具备惊人的耐受力和恢复力。它们能够从地下汲取水分，并且忍受周期性的干旱，直到丰水的时节回来。如果不能适应气候变化及其带来的麻烦，它们不可能长到这种体格。

换句话说，要击垮红杉不是件容易事。它们历经沧桑，也安享过美好时光。可是如今，它们面临着无法避免的困境，处境岌岌可危。看看它那些脱落的针叶甚至树枝，你就知道它们的麻烦有多大。落叶树脱落树叶是为了节约资源，熬过每年时间固定的寒冬，常青树脱落针叶也是一种自我保护，但这并不是自然的过程，而是在应对特殊的情况。

它们落叶，是为了节约用水。起居室内的圣诞树会在死前脱落松针，红杉为了活下去，也在做同样的事情。它们的水源来自内华达山脉融雪，这条山脉长达 650 公里，大部分位于加利福尼亚州境内。对这些树木来说，内华达山脉是个巨大的储水系统，它每年的积雪融化相当于

水分的缓慢释放。但如今降水减少，而且融雪的速度比以前快了很多。储藏在地表之下的水分正在枯竭。经过评估，现在红杉对干旱的抵御能力甚至不如十年之前。红杉的困境与其他问题相连，包括周围野生生物栖息地的破坏、森林自然火灾的抑阻，但归根结底，红杉受到了气候变化的威胁。

维持这颗行星生态圈的系统复杂到不可思议，但它正遭受着人类的冲击和破坏。我们才刚刚开始意识到自己的行为会带来许多意想不到的后果。二十多年来，科学家和环保主义者一直提醒我们人类面临着日益严峻，而且迫在眉睫的危机。大卫·爱登堡把气候变化形容为"数千年来对人类最严重的威胁"，换句话说，它比黑死病和世界大战更危险。这场危机中，我们人类面临的最大挑战是理解到底发生了什么。加州红杉，这种已经存活数千年的世界最大树木，有史以来最强韧的生物，正在脱枝落叶，因为它们无法应对人类的所作所为。这一事实能否帮我们认清这场危机的严重性？

WATER
WORLD

S　水生世界

生命始于海洋，后来迁徙至陆地。我们喜欢用史诗性的言语描绘这一过程，比如征服大地，比如我们的先祖赢下了最惨烈的斗争最终演化出了人类。我们通常会忘记其实是植物先登上了陆地。此事没有置喙的余地。动物或者真菌大规模登上陆地的前提条件，就是有植物能赖以为生。这是一个漫长而复杂的过程，有些苔藓植物的化石可以追溯至 4.7 亿年前。继植物之后，动物也在陆地上登台亮相，最开始是小型无脊椎动物，后来——据估计在 3.675 亿年前——最早的四足类脊椎动物漫步于地表之上。

但这趟史诗之旅并非一往无前，有些陆生动物后来返回了水中。这说明演化并不像很多人想的那样，是一条以产生人类为目标的单行道。生物的形式取决于外部环境：如果退化有助于生存，那么就可能有某些物种接受这种方式。我们在第二章中见识过的仙钗寄生便是一例，它抛弃了复杂结构，但抓住了生存机遇。我们也看到许多演化出了陆地生活能力的生物重返水中，并且表现优异。

我们哺乳动物是为了陆生而演化出来的，但现在有不少回归了江河湖海。水獭保留了四肢，它们在陆地上和水中一样来去自如。海豹的四肢变成鳍状，不过依然在陆地上生产。鲸鱼和海豚一辈子都在水中，和陆地几乎没有任何联系。

逆向演化、重返水域的故事同样发生在植物王国中。这些故事不太为人所知，不过有许多为陆地生活而生的植物如今以水为家。水生环境独有的特征以及挑战，使它们的迷人程度一点也不亚于那些扎根于干燥土壤中的亲戚。要是愿意，你甚至可以说它们有英勇无畏的气质。

从一些角度来看，植物回归水生好处多多。第一个，也是最明显的好处在于能持续获取水分。和第二章里提到的仙人掌以及其他荒漠植物相反，水生植物没必要囤积和保护水资源，毕竟它就泡在水中。其次，流动的水体往往富含氧和其他营养物质，所以也没要演化出独特的适应性以获得这些资源。最后，位于开阔水面的植物远离树木投下的阴影，我们在第一章里聊过雨林植物对阳光的争夺，而水生植物不太需要忧心这点。当然，根据水的深度，位于水体上层的植物有时也会遮蔽下层植物的阳光。

不同的环境带来不同的挑战，而不同的生物会用不同的方式应对。湍急的水流是植物最难应对的环境之一。对仙人掌来说每一滴都弥足珍贵的水，在山涧里每小时能流过数千升。山涧流水往往夹带碎石泥沙，能把植物连根拔起，冲往下游，任何无法站稳脚跟的植物都活不长久。

在这种地方，植物需要对抗足以把人类掀翻的巨大力量。

我们有时候会说"如山涧般纯净"，这个比喻十分贴切。它是水生植物需要面对的另一项挑战：如何从大量的水中汲取微量的养分。甚至阳光也是问题。水体吸收光线的能力超过空气，任何一个水下摄影师都会告诉你"光被水吃了"。水生植物叶片距离水面越远，获得的阳光越少，光合作用越难进行，如果水比较混浊，这一问题还会进一步放大。雪上加霜的是，山涧水位可能发生巨大变化。也许这个月植物的生长位置正适宜，但到同一年晚些时候，它就沉在了深深的水下，再换个时间，又会暴露在空气中。这种情形下，植物普适性的重要程度不言而喻。

关于这一点，我们可以在哥伦比亚一条长达100公里的河流中找出明证。水晶河是瓜亚贝拉河的支流，奥里诺科河水系的一部分。内战结束后，去哥伦比亚旅行变得比以往安全得多，结果水晶河被游人奉为绝景，得到了许多外号，比如，彩虹河、液体彩虹、五色河、天堂河以及

本页图

—

流淌的液体彩虹：哥伦比亚拉马卡雷纳水晶河的两张照片。

184

简单粗暴的世界最美河流。

水晶河水流湍急，瀑布众多，水位随季节变化。这片水域的主要植物是虹河苔，它们全年紧抓岩石，抵御着水流冲刷。当时机降临，周遭一切都变了模样，它们便绽放花朵。这个时节有充足的光线、宜人的温度，还有降到合适高度的水位。你能看到蓝色的河水、黑色的岩石和黄色的沙土，与此同时，虹河苔为河流添加了大片的绿色与暗红色——这也许是最不可能在河流中看到的色彩。我们对于河流的概念，会在那短暂的数周内遭到颠覆：黄色、绿色、蓝色和炫目的红，打造出了自然界中最华美的景象。

虹河苔在变化剧烈、生存艰难的环境中，起到了生态系统工程师的作用：它们是许多物种存在的基础。不少无脊椎动物和鱼类以这些植物储存在它们组织里的养分为食。虹河苔在恶劣环境中顽强的生存能力，使它们所处的河流成为其他许多生物的家园。

翻页图
–
养分短缺怎么办：生活在雨水丰沛的平顶山上的太阳瓶子草和凤梨科植物有自己的解决方案。（委内瑞拉玻利瓦尔州加奈马国家公园）

要想象这般美景遭到毁灭的场面，简直是故意找碴，但环保主义者需要实事求是地看待这个世界，而不是沉湎在美好的幻想中，所以我得顺便提一句，这条仿佛从天堂流出的河正受到石油开采和上游土地清理项目的威胁。

你也许认为水晶河里澄澈清冽的水流是所有植物梦寐以求的，然而水只是植物所需资源的一部分，它们的生存同样离不开矿物质和养分。比如，植物需要氮来协助合成叶绿素；磷有助于根系和花朵生长；钾使得植物更强韧，是幼芽发育和储存水分必需的物质；镁为光合作用提供了绿色；硫让植物能够抵御疾病，结出果实；细胞壁的生长发育有钙的功劳。其他那些往往以微量矿物质形式存在的营养物质也非常重要。通常情况下，植物从土壤中获取这些物质。这就是为什么人类在种植驯化的农作物时需要施肥才能让植物年复一年地生长。这些营养物质可以是天然的粪肥和骨粉，也可以是合成的肥料。

野生植物需要靠自己努力才能获得这些养分。某些情况下，这并不容易。我们先把目光移动到委内瑞拉和圭亚那的平顶山上。平顶山是突兀耸立的高原，给了阿瑟·柯南·道尔创作《失落的世界》的灵感。可惜啊，你在真正的平顶山上找不到恐龙，不过要是观察得够仔细，你会发现这里有很多如同幻想出来一般的生物。

这些高原雨水丰沛，几乎每天都有瓢泼大雨冲刷本就养分稀缺的土壤，这里的植物每天面对的挑战其实不亚于荒漠。尽管植物很容易接触水分，然而稀薄的土壤很难将它们留住。对于这个问题，凤梨科植物的解决方案是笔直生长，叶片互生成丛。其中最明显的例子是"凤梨池"。你可以把凤梨的叶冠部分种在土里，当你给它浇水时，能看到叶片将水收集起来，形成小小的池子。世界上有 3500 多种凤梨科植物，其中大部分生长在美洲热带地区，其中一些是雨林树木的附生植物，它们提供了一个个远离地面的小水池，受到树蛙的喜爱。

平顶山上的凤梨科植物也用这种多刺的冠状叶片收集雨水。它们的叶片往往呈亮黄色，异常显眼。昆虫遭到吸引，来到这些伪装的花朵上，会由于叶片光滑而失足栽进池水中溺毙。还有些无脊椎动物能安全地利用这些小水池，它们排出的细小粪便也给了植物营养。可以说凤梨科植物用叶子煮出了一锅营养丰富的汤，吸收了其中精华。

凤梨池是营养匮乏地区重要的食物来源，这吸引了许多生物，其中就有狸藻，你可以说它是植物中动作最快的——实际上放眼整个自然界，它们也是动作最快的生物之一。这种看似矛盾的组合，我们在

右组合图：世界上最快的植物。

左上图
—
电子显微镜下狸藻的囊袋。

右上图
—
大狸藻捕捉孑孓。图中可见孑孓头部。

下图
—
囊袋入口。

188

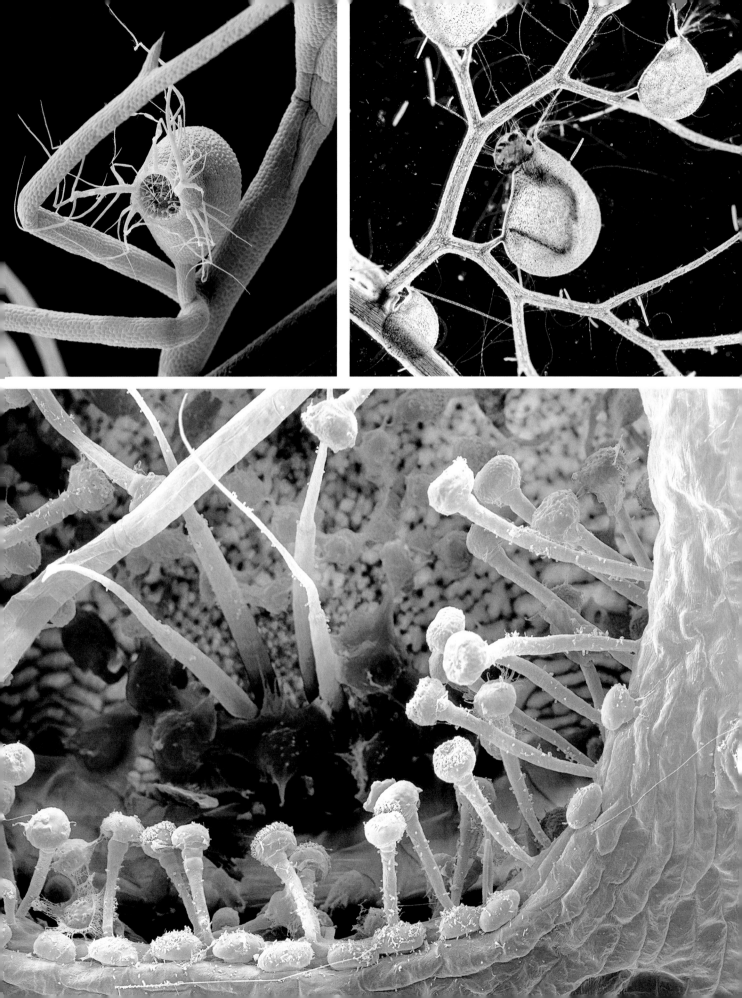

本书中已经见识过一些。狸藻行动的第一部分是探索：长而敏感的须卷从这种食虫植物中探出，寻找附近的凤梨科植物，一旦发现了合适的目标，须卷会向凤梨池中央生长，并在抵达目的地后改变形状。因为此时它们不再用作侦察，而是成为陷阱。

这种植物会长出一堆小囊，当囊袋发育完成后，狸藻会从中抽离水分并加以密封，使它们内部真空。囊袋有一个入口，周围布有刚毛。生活在水池里，或者想要逃离的无脊椎动物一旦触碰刚毛，囊袋就会内爆，发出"砰"的一声，将猎物吸入。这有点像《金手指》里，詹姆斯·邦德的敌人因为飞机内外压力差而从机窗被吸出。狸藻在杀死猎物后，会重置陷阱，然后慢慢悠悠地消化食物，吸收营养。

植物能捕捉、杀死并且消化动物这一概念一直是人类心中的阴影。有时候，它们只是人类的虚构夸大，比如，约翰·温德姆的《三尖树时代》和歌舞喜剧《异形奇花》里的奥黛丽二世。但另有一些时候，它们确确实实存在，只是没有大到能猎杀人类的地步。查尔斯·达尔文说捕蝇草是"世界上最奇妙的植物之一"，他还喂给捕蝇草煮熟的鸡蛋和牛肉，看它们怎么被消化。

捕蝇草带着尖刺陷阱的植物形象已经传遍了全世界。对于只在美国北卡罗来纳和南卡罗来纳州生存，不超过10厘米的小小植物而言，这无疑是个大大的成就。就像我们在南美平顶山见识过的，植物要在湿地讨生活并不容易。浸透地表的水分抑制了微生物分解有机物的过程，而在生存压力较小的环境里，植物可以通过根部吸收分解后的物质，另外，水流的冲刷还会带走许多养分。

这种环境下，成为食肉植物是一种解决方案，而且是一种行之有效的方案。食肉植物至少在植物界中独立演化了 6 次，世界上共有大约 600 种食肉植物，包括在英国沼泽中发现的茅膏菜以及我们在第一章中见识过的猪笼草。其中又有两大支演化出了夹式陷阱：一种是囊泡貉藻，另一种就是大名鼎鼎的捕蝇草。后者的陷阱能在触发后不到半秒内关闭，时间的具体长短取决于当地环境和植物的健康状况。

关闭陷阱需要消耗一定的能量，重新打开陷阱也需要。重启陷阱还会消耗时间。由此可以推断，植物不愿意浪费时间和能量来捕捉无法消化的东西。为了提高效率，它们需要在某种程度上意识到自己在做什么，像约翰·温德姆笔下的三尖树，它们需要进行计算并做出一系列决定。而捕蝇草就是这样的植物。

为纪录片《绿色星球》所拍的精彩片段中，大卫·爱登堡展示了捕蝇草非凡的能力。这组镜头体现了爱登堡对魔术的喜爱：但这台魔术的表演者不是他，而是大自然。经爱登堡之手，大自然向我们展示了最神奇的一面。在英国皇家植物园邱园中，大卫·爱登堡提出了一个问题：捕蝇草如何区分飞虫、碎叶、砂砾和飘落的种子？他用毛刷去碰触捕蝇草陷阱中敏感的纤毛——你猜发生了什么？你可能想象不到答案：什么都没有发生。但当毛刷先碰触了一根纤毛 20 秒，又转向另一根纤毛时，陷阱猛地关上了。

碰到一根纤毛的东西未必是活物，也许只是一块被风吹来的垃圾。但它在碰过一根纤毛后，又碰了另一根，那这就是某种能自主移动的东西。那不是垃圾，而是食物。于是乎，陷阱关闭，猎物落网。谢天谢地，口粮送上门来了。

但消化过程本身也得消耗许多能量。只有猎物够大，消化才划得来。这就是为什么捕蝇草不急着彻底闭合陷阱。在我们人类看来，组成陷阱的钉刺凶邪残忍，实际上却是仁慈的体现——或者说，捕蝇草通过释放不合格的猎物以实现自身利益的最大化。这些钉刺相当于牢笼围栏，如果猎物小到能从中钻出，那不妨放过，反正它也不值得吃。更大的猎物则无法挣脱。当然，这些猎物会尝试逃跑，但它们在挣扎过程中，将不可避免地触发更多纤毛。一旦有 5 根纤毛被触碰，捕蝇草就会判断这是个合适的目标，于是陷阱收紧，围栏闭合成胃状，消化液分泌，猎物被吃干抹净。通过诱杀一个又一个猎物，捕蝇草获得了所需的养分，它们开花结果，不断繁衍，制造更多的捕蝇草。

如你所见，这不仅仅是一种食肉植物，还是一种能记忆和计算的植物，一种挑战人类心目中世界秩序的植物。被亚里士多德称为"自然秩

左图
—
会数数的植物：大卫·爱登堡和摄影师罗宾·考克斯在伦敦邱园的温室里拍摄捕蝇草。

序"的世界观，早在人类诞生之初就已经定调：植物的地位高于岩石，但低于动物。人类是动物的顶点，其上则是诸多神灵。

18 世纪伟大的生物分类学家林奈（他的巨著《自然系统》第 1 版于 1735 年出版）不承认捕蝇草是食肉植物，因为它违反了"自然秩序"，相反，他认为捕蝇草为昆虫提供了遮风避雨的地方。不过诞生在他之后一个多世纪的达尔文，着迷于挑战人类根深蒂固的偏见，他热衷于研究捕蝇草，还在《物种起源》出版 16 年后的 1875 年出版了《食虫植物》，这本书强调了他已经向世人展示过的真理。

但捕蝇草还有个问题尚待解决。它需要昆虫为自己授粉。诱杀潜在的授粉动物是自取灭亡，更不要说陷阱的活跃时段与花期相同。有一种可能，是捕蝇草为它的花朵和陷阱做了空间上的划分。花在植物顶部，

上图
-
太晚了：闭合中的捕蝇草陷阱。这次的猎物是一只苍蝇。

负责吸引飞虫，尤其是蜜蜂与甲虫；陷阱位置更低，主要用来捕捉那些爬行的昆虫。捕蝇草的猎物中，三分之一是蚂蚁，三分之一是蜘蛛，剩下的三分之一包括了蚱蜢、甲虫以及其他生物——还有小型蛙类。另一种可能是捕蝇草的花朵与陷阱用来吸引动物的气味与颜色不同，减少了对授粉动物的杀伤。

捕蝇草看起来相当神奇，大卫·爱登堡也喜欢展示它们令人惊叹的方面，但我们还可以继续往下深挖。捕蝇草就像一本美妙的书，作为它的忠实读者，你甚至认为它具有魔力。然而仔细思考这个问题，你会意识到世间存在众多书籍这件事本身才是真正的奇迹。人类居然拥有可以创造语言的大脑，并有能力将语言编织成故事、思想与歌曲。你最爱的书可能确实很神奇，但某种意义上，每一本被人阅读的书都了不得。

上图
–
无路可逃：一只胡蜂被捕蝇草捉住。

193

植物也是如此。捕蝇草很酷，它迫使我们重新思考植物到底做得到什么，做不到什么。然而捕蝇草的更伟大之处在于它们能生存，实际上，哪怕这颗星球上最不起眼的绿色生物，也能够生存。它们呼吸、繁衍，创造更多同类，从一些角度来看，它们获得了永生。与这等宏伟的奇迹相比，一种会数数、记忆并且吃蜘蛛的植物，就像你想的那样，不过是数亿年演化的正常结果。

白天，植物进行光合作用，它们吸收二氧化碳并释放氧气。我们动物则恰恰相反。这组合如此奇妙，几乎会让我们认同伏尔泰《老实人》里潘格罗斯教授的观点，他相信这个世界的一切都已经尽可能地完美，就连人类的耳朵和鼻子都长得恰到好处，方便我们戴上眼镜。

但真相有所不同，甚至可以说更为神奇。我们一般认为生命起源于大约 38 亿年前，直到 9 亿年前还只是单细胞生物。如果你觉得这听起来有些乏味，不妨再认真想想。除了生命诞生这件事之外，那些年代对地球的生命史还有另一种莫大的影响。是的，我说的就是光合作用。蓝菌获得了将光转化为食物的能力，氧气则是这一过程的副产品。

数以千万年计的光阴里，植物改变了整颗星球的大气成分。演化的特性使得生物不可避免地利用起了氧气这种新资源。随着能进行光合作用的植物登上陆地，整个世界焕然一新。植物为我们提供的不止食物，如果没有它们，我们连一分钟都活不下去。氧气让我们生产新的细胞，获取能量，驱动高效的免疫系统。我们赖以生存的氧气，全是植物的产物。电视纪录片《绿色星球》就是对这一过程的细致展示，和大卫·爱登堡拿毛刷刺激捕蝇草一样精彩。

让我们把目光移到巴西的一条小溪中。如前所述，水生环境对植物并不友好，因为植物需要阳光，而水对阳光的阻隔效果甚于空气。阳光无法刺透百米深的水体，那里自然也不存在利用光合作用的植物。许多水生环境还有混浊的沉积物，进一步削弱了光照。

但巴西的这条小溪不但清澈透底，还得到了从河床中升起的泉水的补给，这些水富含溶解二氧化碳，对生活在溪流中的植物而言，这是进行光合作用的绝佳条件。可以想见，当阳光照射这些水生植物的叶片时，强烈的光合作用发生了。我们通过显微镜可以看到，当叶绿体流动时，细胞疯狂地活动。叶绿体是进行光合作用的细胞器，它们捕捉能量，将其转化并储存起来。每个细胞中含有的叶绿体数量因植物而异：单细胞藻类里只有 1 个，小麦和卷心菜里有 100 个。

正午时分，阳光最为强烈，小溪里植物的光合作用也以近乎夸张的

方式得到了展现。这是一种我们不需要显微镜，直接能通过肉眼观察到的现象，它比得上大卫·爱登堡所做过的最精彩、最神奇的演示：只见这些植物将大量氧气排放到水中，溪流因此不断翻腾，咝咝作响。

植物的咝咝声，充满氧的水，肉眼可见的光合作用——我得说，这是《绿色星球》最动人心魄的一组镜头。纪录片里有许多东西令人兴奋，尤其是精于算计、欲壑难填的捕蝇草。但这条小溪里，生命如同香槟被开启时一般咝咝作响，这组镜头展示了一种生命如何使另一种生命成为可能，充满了崇高的美感和深远的意义。

如果你愿意，可以称之为光合作用的完美象征……但我们应该警惕自然界存在完美事物的想法。我们喜欢把猎豹奔跑的姿态、枝繁叶茂的橡树还有盛开的玫瑰视为完美的事物。但完美并不是它们的真意。演化并不追求完美：生物过一天算一天，只是需要攫取资源来繁衍后代。演化从它们诞生之初起就是这样。这不是创造杰作的任务，倒更像在被大雪封门时做饭，你能用的材料全在储藏室里。有时候，你做出的菜香齿颊留香，有时候仅仅能填饱肚子。演化不会为了追寻完美而从无到有地创造出东西：我们之所以有强健的肺，是因为第一批登上陆地的脊椎动物有鳔，而鳔的演化是为了能让它们在水下运动，但当这批动物需要呼吸空气时，鳔也起到了作用。马的前蹄、蝙蝠的翅膀、座头鲸的腹鳍、狮子的前爪和你我写字的手，都是同一套模板的变形。

所以这一切与完美无关。完美存在于学校教授的几何学——譬如完美的圆、等边三角形——和其他纯数学的抽象概念中。当我们在自然界中看到近似完美的东西时，反而会被它的不协调感震惊。假如有株近乎完美球形的植物出现在面前，你我有理由为此感到震惊。

大多数植物——当它们不是种子时——都固定在一个地方，这是它们的特性，而水生环境待植物并不友善。我们已经看到过，水位的变化时而吞没植株，时而把它们暴露在干燥环境中。但日本阿寒湖里的湖球藻能进行移动以应对栖息水域环境的变化。它们需要进行光合作用，利用阳光来制造养分。这些湖球藻常常被放置在水族箱里，也被英语国家的人叫作日本苔藓球。如果你在冬天沿着阿寒湖结冰的湖岸走上一遭，能找到好些扁平的绿色小块，除了藻类专家，任何人都不会对它们产生特别的兴趣。

但当坚冰消融时，它们会被水吞没。这可能会给它们带去危险：化冻的阿寒湖总能吸引成群结队的天鹅，这些鸟儿把长长的脖子探到水下觅食，而密密麻麻的湖球藻是很不错的食物来源。为了解决这个问题，

许多湖球藻会滚落到湖的深处，天鹅够不着的地方。

当湖球藻滚动、碰撞时，会削掉身上的一些部分。沙滩上光滑的卵石也是这么来的，只是花的时间要长得多。由于湖球藻更为柔软，这种运动使它们的形状接近完美的、有些毛茸茸的圆。那些最成功的湖球藻找到了安全的位置，那里距离水面够远，可以免受捕食者的伤害，但又没远到进行不了光合作用的地步。许多湖球藻共享安全地带，你可以在一处集群里数出上万团湖球藻。据估计，阿寒湖里的湖球藻总数为6亿。它们看起来不像自然产物，倒更接近当代艺术创作。最大的湖球藻寿命可以达到200年。

成为能够滚动的球状大有好处。风时而温和时而猛烈，但始终吹拂着阿寒湖。它们带起水流，而水流卷动了湖球藻。湖球藻白天能升上水面，夜晚又沉落湖底，其中的部分原因在于光合作用：光合作用产生的氧气形成气泡，被困在湖球藻的细丝中，这使得湖球藻漂浮起来。它们还会随着水流震颤、旋转，就像烤架下的食物。这样一来，球体的各个面都能被阳光晒到，进行高效的光合作用。其他藻类当然会试着栖息在湖球藻上，如果得逞，它们会挡住阳光，继而杀死湖球藻，但因为湖球藻不停地在水流中彼此摩擦、碰撞，其他藻类无法长时间固着在它们身上。

湖球藻曾经广泛分布于世界各处，北美和北欧都是它们的栖息地，但那只是曾经。这些生物需要生活在风永不止歇的浅水湖泊里。这不是什么高要求，世界上有许多这种湖。但它们也需要未经污染的水，这对现代社会来说可就是难事了。一个世纪前，湖球藻生存在世界各地的许多湖泊中，可是现在几乎很难找到这种近乎不自然的圆润球体了。

不过，当你认真探索大自然时，会意识到这种近乎超常的事情并不鲜见：所有博物学家都见证过难以置信的事情发生在自己眼前。前几页提到的那条巴西香槟色溪流就是绝佳的例子。它在光合作用下噬噬作响，赋予众生生命的力量。在这清可见底、水流湍急的小溪里，植物需要把自己固定下来。它们中的一些攀附在河床的基岩上，还有些只是抓着散落的碎石。溪水水位在不同季节、不同年份差异巨大，在丰水期还会暴涨一米多，淹没原本在水面上摇曳枝叶的植物。不过因为溪水清澈，这些植物往往在阳光的滋养下枝繁叶茂，所以浮力惊人，它们会带着被根系纠缠住的岩石漂浮而起。如果你潜入水下，映入眼帘的将仿佛是一场热气球比赛，每一株植物下面都挂着小小的吊舱。

你所见的一切并不是物种适应环境的神奇表演，它看似美丽，却是一场灾难。植物们飘荡到一起，形成一团团的岛屿，然后死亡……这个过程中，它们携带的营养物质返回了溪水。大自然不会浪费逝去的生命。这些由腐烂植物构成的垫子漂浮在水面上，吸引数以百计的蝴蝶造访，它们如同五彩的纸屑从天而降，汲取死亡植物的养分。

以水为家有一个缺点，就是水并不总在那里。有些水生环境随季节剧变：池塘、潟湖和小型湖泊可以在一段时间里满是水和生命，在另一段时间里却干燥得似乎从没被润泽过。有些干涸的地方需要等上很久才会迎来变化，比如河水改道，或者突降暴雨——于是天翻地覆的变化发生，这个地方又一次成为泽国。无论哪种植物，在水量游移不定的地方安家都是巨大的挑战。

现在来说莲花。我们常说的莲花其实包含了两类水生开花植物，它们是亚洲许多宗教的圣物：你可以在印度教、佛教、锡克教和耆那教的艺术作品里找到它们。莲花优雅端庄，花朵造型复杂，直径长达30厘米，你可以在从印度到远东的冲积平原、缓慢流动的江河以及三角洲地带找到它们。也许是经由人类之手，它们还扩散到了新几内亚和澳大利亚。这些植物习惯了环境的变化无常，演化出了应对时而枯竭、时而丰沛的水资源的本领。

莲花以种子形式度过干旱时节。它们的种子极为坚韧、防水，能在

右上图
-
尺寸巨大：日本阿寒湖中，一个大型湖藻球的体积得到测量。

右下图
-
看似不自然的自然造物：水流推动湖球藻团，磨去它们的棱角，最终形成球状。（日本阿寒湖）

翻页图
-
搬石者：巴西圣本尼迪托河的一条支流里，谷精草属植物带动了岩石。

无比艰苦的环境下生存：对莲花种子来说，等上一个世纪根本不算什么，目前的最长等待纪录是 1300 年。人们试着栽培从那个年代留存至今的种子，结果它苏醒了。

其他水生植物种子的耐受性没莲花那么极端，但同样不容小觑。它们在干旱时休眠，丰水时发芽。如果这种干湿交替每年发生，那么大地的变化就有规律可循。南美的潘塔纳尔是世界上最大的内陆湿地，面积约为 18 万平方公里，有两个葡萄牙大。包括塔夸里河、米兰达河、尼格罗河和库亚巴河在内，数条河流注入了这片广袤的、如同海绵般的湿地，它们没有奔流入海，而是消失在了无边无际的绿色中。这些河在雨季时暴涨，将大量的水输入了潘塔纳尔，使它成为世界上最大的泛滥草甸。

这里土地丰腴，生物众多，物种多样性惊人。人们在这里发现了无脊椎动物 9000 多种，鸟类 450 多种，哺乳动物和鱼类各 250 多种，爬行动物和两栖动物各 150 多种。和其他所有地方一样，没有植物，庞大的动物群落就无法存在。由于水位每年涨落，水生植物必须利用这个规

上图
—
精致的食物：美洲水雉在睡莲中寻找食物。（南非菲达保护区）

右图
—
美丽的错误：一朵睡莲在水下盛开，它注定无法散播花粉。（法国安省）

翻页图
—
水的世界：季节性洪水泛滥的田地。（巴西西南部潘塔纳尔）

律：那些在空间争夺中胜出的植物拥有生存和繁衍后代的权利。另外，潘塔纳尔湿地的水富含暗色的沉积物，那是矿物质和营养物质，能够攫取它们的植物才称得上赢家——需要注意的是，在描述植物彼此竞争的时候，我们很容易带着偏见，用上"侵略""好斗"甚至"恶毒"这样的字眼。

植物们争夺的地点位于水面。因为阳光无法深入混浊的水体，所以如果想进行光合作用，就得在最上方占有一席之地。鉴于丰沛的水量只能维持几个月，植物们必须分秒必争。如果不慌不忙地行事，那么不等完成生理上的使命，栖息地就已经消失不见了。谦谦君子无法取得生存空间，更无法繁衍子嗣。为了生存，潘塔纳尔湿地的植物们发展出了独特的策略和身体结构，包括浮力室、浮叶以及根系囊泡，所有这一切都是为了把邻居挤到一边，用自己的枝叶来填补空隙。这是一场领地之争，对无法移动的植物来说，也是生死之争。有些植物遭挤压而死，有些虽然被推开，但进入了其他河道，或者往下游漂流，获得了新机。

大薸是许多人熟悉的植物。在人类的帮助下，它们已经入侵了全球温暖地区的许多水道。这种植物给各地生态系统带去了巨大的麻烦，它们总是覆盖整片水面，挡住其他植物的阳光。然而在水位季节性涨落的潘塔纳尔，它们只是生态系统的自然组成部分。大薸生长在水面，绿色的莲座很像真正的卷心菜，所以也被叫作尼罗河卷心菜。但就像冰山的大部分隐藏在看不见的水面以下，每株大薸底下都垂挂着庞大的根须，它们无法触及河道底部，却能从水流中汲取养分。光是看大薸的根须和它水面上的部分，你会觉得它不成比例，这是因为那些根须不仅仅为植株提供了养分，还排斥了任何试图接近的植物。大薸所在的水域成了它们的私有空间，除了大薸自己，什么都不许生长。就在这种盛气凌人的威压下，它们不断生长、繁衍。

大薸还能够进行无性繁殖，也就是自我克隆。随着大薸不断增生，它们在水面下彼此纠缠的厚实根系会不可避免地成为其他物种的栖息场所，包括潘塔纳尔的数种水虎鱼。这里我得补充一下，关于水虎鱼的传说基本上都是假的，它们不会成群结队地潜伏在南美洲河流里，等着把牛——还有人类——在几秒钟内啃成白骨。没错，它们是肉食动物，但它们大多只在浅滩出没，集结成群也不过为了保护自己不受捕食者的伤害。水虎鱼还表现出了非常强烈的亲代抚育行为倾向：许多鱼类一次生产数以百万计的鱼卵，任它们自生自灭，然而水虎鱼会把卵产在大薸根部，由父母双方共同保护，直到幼鱼孵化。

右图
-
竞争对手空间狭小：巴西西南部潘塔纳尔的王莲。

翻页图
-
食物与住所：自然环境中的水葫芦。
（巴西潘塔纳尔阿莫拉尔山下）

水葫芦和大薸生长在同一片水域，争夺同一片空间，竞争策略也类似：快速繁殖，覆盖水面，夺取控制权。与大薸类似，水葫芦是世界各地的入侵物种，导致了生态问题：这种植物会自然而然地试图支配自己所在的生态系统。

然而在潘塔纳尔湿地，它们只是自然循环的正常部分，还为其他许多生物提供了能量。每年水位高涨时，湿地生物数量盛极一时，你大概想象不到亚马逊雨林南部的猴子此时会以水葫芦为食。水中存在许多危险，包括凯门鳄和水蟒，所以猴子们会和水保持距离，然而它们依然找到了享用大自然馈赠的方法。蜘蛛猴之所以得名于此，是因为它们的尾巴像四肢那样灵巧，当它们在树上移动时，看起来如同巨大的多足蜘蛛。蜘蛛猴能以尾巴抓握树枝，倒吊着接近水面，用空闲的双手抓起水葫芦。它们用灵巧的手指撕开叶片，品尝最鲜嫩的芯子。常常栖居在水葫芦里的无脊椎生物，则成了蜘蛛猴额外的营养来源。

麝雉也吃水葫芦，它可能是有史以来最奇怪的鸟。大卫·爱登堡的第一部大型科普纪录片——1979 年播出的《生命的进化》里，麝雉是其中一段节目的主角。这部纪录片从留存至今的动物角度，讲述了演化的漫长历程。我们在已知最早的鸟类化石始祖鸟身上，能看到翅膀上的爪子，而年幼的麝雉存在同样的特征。大卫·爱登堡向我们展示的镜头里，这些奇怪的鸟像猴子一样在枝头爬来爬去。

麝雉的进食就和它们幼鸟的翅膀一样怪。这些鸟儿吃植物的叶片，麝雉有点像牛，因为它们体内有一套复杂的多腔消化系统，其中包括让植物发酵的嗉囊。这种消化模式需要大量进食，而能够飞行的鸟类往往会避免吃太多东西，毕竟行李超重会对飞行的方方面面带来负面影响。麝雉的胃部占去整只鸟体重的四分之一，它们消化时只能静静地待着，把肚皮搁在树枝上，等着肠道菌群慢慢工作。这种消化过程会不可避免地产生大量气体，所以麝雉又被戏称为"飞牛"，还有"臭屁鸟"。

麝雉的这些特点帮它们安然无虞地生存至今，而且还在蓬勃发展。物种间的竞争不是非得张牙舞爪、凶相毕露不可。成为长着羽毛的"牛"，吃饱了叶子就安逸地趴在树枝上等消化，这种策略并不血腥，但同样好用。

大多数物种解决生存问题的方式比麝雉更具侵略性。不止动物，植物同样如此——我们在之前的章节里已经见识过了。不过，没有哪种植物能比王莲更清晰地证明这点。你肯定见过王莲的照片：儿童安坐在它们巨大的莲叶中，犹如位于母亲的怀抱里，如此祥和、美好。

年纪大的读者可能还记得 BBC 播过给婴幼儿准备的《和妈妈一起看》，这节目以花朵盛开的镜头开场，让观众期待随之而来的甜蜜时光。延时摄影让我们对植物的生活有了更多了解，花朵绽放是其中经典的例子，《绿色星球》展示的王莲生长过程——这可能是纪录片里最富冲击力的画面——是另外的一例，它们反差强烈，对比鲜明。

我们看到，一开始出现在水中的是一颗多刺的嫩芽，有点像中世纪的钉锤，更专业点的术语叫作晨星锤。晨星锤是一种能对敌人造成毁灭性伤害的长柄钝器，它的植物版本同样杀伤力十足：延时摄影向我们展示了王莲如何进行一系列的攻击、旋转，将其他竞争植物从周遭清除。接着，它在空出来的水域中舒展叶片。王莲叶的下表面带刺，保护了它们不受鱼类和其他动物伤害。这些叶子非常巨大，直径常常超过两米，能越过竞争植物的头顶挡住阳光，或者将它们推到一旁。

王莲叶的结构令人叹为观止。约瑟夫·帕克斯顿参考这种植物，设计出了他的杰作水晶宫：那座宏伟的建筑有罗马圣彼得教堂四倍大，1851 年的世界博览会就在里头举办。随着王莲叶不断伸展，它覆盖水面，占据了所有阳光并疯狂地进行光合作用，甚至可以在一天之内长到半米宽，而一株王莲能有多达 40 片叶子。无论水位升降，王莲长而柔韧的茎秆都会使叶片一直浮在水面上。这些叶片的中央微微凸起，能迅速排干落在叶片表面上的水，以免光合作用的效率降低。剩余的水分则会通过被称为气孔的圆柱形孔洞排出。

这种神奇的植物一株就可以主宰一个潟湖，就像新长出来的雨林巨木能统治它周遭的土地。王莲能够接纳其他王莲，面对竞争对手则毫不留情地用叶片遮盖。作为生活在水面的植物，它们只在平面上争夺地盘，不像那些热带雨林的巨型植物，可以往三维空间扩张。

亚马逊的王莲一直挑动着我们的想象力。早在 1850 年，英格兰的邱园就建起了一栋楼，专门用来研究这种植物。我还记得小时候去邱园参观时，这栋神秘的楼房一直锁着门，似乎王莲不在花期就不值得访客参观。后来有一天，那栋楼打开了门，我终于看到了让我心心念念的植物。啊，也不知道我当时有没有一片莲叶重。

右组合图

-

统治的过程：王莲的幼芽（左上图），正在展开的莲叶（右上图），完全展开的莲叶（左下图）和盛开的花朵（右下图）。

左图

—

大卫·爱登堡在英国威尔特郡埃文河上对水毛茛进行讲解。

右图

—

像水毛茛这样的水生植物如果需要授粉，就必须把花开在水面之上。（荷兰）

水生植物在繁衍时会遇到一些问题。用无性繁殖来自我克隆是相对简单的解决方案，需要开花和授粉的有性繁殖则更为复杂。为了应对水位变化，生长在欧洲、北美西部、非洲西北部的水毛莨演化出了柔软易弯的茎秆，使自己始终与水保持接触。水毛莨多数时间位于水面以下，这对茎叶而言问题不大，只要水足够清澈，它们依然可以进行光合作用，但对于需要通过昆虫授粉的花朵来说，这是必须克服的麻烦。所以水毛莨让花朵长在露出水面的坚硬的茎秆上，吸引昆虫帮助自己繁殖。

我们已经在荒漠和季节更迭的地区了解到，大多数情况下，植物有一个最佳花期。水生植物也概莫能外，它们需要在授粉动物最多时最大化地利用自身所拥有的条件。即使生在水中，它们依然清楚如何把握时机。水生植物一年一度的花期蔚为壮观，它们既相互竞争，又彼此协作，尽可能多地将授粉动物吸引而来。有些地方，花朵会随着溪流、池塘或潟湖的退却而落下，仿佛是它们推开了洪水。在那之后，一度被水吞没的土地才会迅速长出茵茵绿草。

如果你问哪种水生植物的花期最壮观，答案见仁见智，本书提供的参考是经典的莲花。你可能认为这个回答没有新意，不过群莲盛放确实令人难忘。一片水域中，有时会有上千朵莲花同时绽开。在这美景背后，它们其实还做了一些比开花更加了不起的事：因为氧在水体里的浓度比露天要低得多，许多水生植物难以获得它们需要的氧。莲花生长的环境确实非常缺氧，它们根茎所在的土壤也几乎没有任何氧分，但它们用一套特殊的气体管道系统解决了这个问题。那些水面上的老迈莲叶会从空气中吸收氧分，把它们送到泥土里的根茎中，最后从其他叶片排出，从工作机制上来说，这套系统接近空调。

为了确保授粉成功，植物有时候会做出在我们看来过激的举措。因为要尽可能多地吸引授粉动物，王莲甚至演化出了令人瞠目结舌的特性：它的花朵是温热的。动物界里，只有哺乳动物和鸟类能做到恒温，绝大部分其他动物都需要从温暖的阳光中获得热量。从资源利用角度来讲，保持体温代价不菲，需要许多能量——它们以食物的形式被我们摄入——但恒温为动物提供了其他生命形式无法媲美的多样性。上一章里我们看到雏菊为了让阳光温暖花朵，追着太阳开花，这样更有可能得到授粉昆虫的光顾。而王莲通过自己产生热量，往前又走了一大步。

王莲的叶子神奇到能支撑儿童的重量，它的花朵也不遑多让。这些花朵有足球般大小，花期只有短短两天。它们需要在短短的花期内异常高效地吸引授粉动物，而且这些动物授粉的效率也必须尽可能高。为了

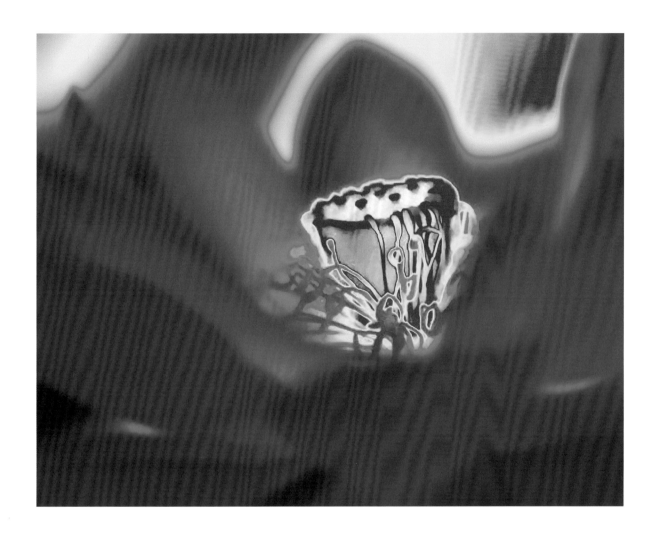

达到这个目的，王莲在吸引动物之后，需要留住它们，直到授粉任务完成。

　　热成像显示，王莲比周围的气温高 10℃。光这一点就能够让它们成为甲虫理想的庇护所，而且高温还会扩散花香，施加又一重诱惑。甲虫一旦飞抵王莲花，会立刻朝着花朵底部最温暖的位置前进，王莲为它们准备的大餐也摆放在那里。一路往下的过程中，甲虫会经过花的柱头，也就是雌蕊的部分，如果它们已经造访过其他王莲花，势必要把花粉涂抹上去。等到它们下到底部，花朵会闭合，将甲虫困在那里长达一天。但对甲虫来说这不是陷阱，反而是进食、争斗和交配的好地方。温暖而黏稠的花蜜中，甲虫们安全地度过了一日。到了

第二天，花朵再次升温，不过这一次高温位置位于花朵顶端，诱使甲虫往上爬去。在这个过程中，这些昆虫的身体被烘热，获得了绝佳的飞行状态。随着花朵打开，覆满花粉的甲虫展翅启程，去寻找另一朵花。王莲几乎为授粉动物做了植物能为它们做到的一切：不但给予食物，还帮助它们飞行去寻找更多花。在那之后，白色的王莲花先转为粉红，然后变成紫色，最后枯萎凋零，而种子则在残花的果实中发育。王莲不会在开花后死去，要是运气够好，它们正开始孕育新的生命。

　　植物通常无法移动，它们扎根于土壤，周遭活动着其他各类生物。植物是芸芸众生的锚点，它们也会生老病死，然而在此生的绝大多数时段固着于一地。正如我

们在书中看到的，这一特性促使它们为繁衍后代提供各种各样富有创造性的手段。为了播撒和接受花粉，它们会借用风和动物的帮助，还常常拿食物和饮料犒劳后者。

植物的果实同样需要得到散播，而解决授粉问题的风和动物也可以应用在这个问题上。河岸边的植物还常常让种子落入水中，由流水将它们带走。但顺流而下的旅途可能会把种子送入腥咸的大海，这就事与愿违了。所以有些情况下，植物最好的选择是让种子逆流而上。这听起来像天方夜谭，却并非不可能，因为与水为邻的植物能够吸引那些你在干旱地区找不到的动物，比如鱼类。

巴西博尼图地区生活着希氏石脂鲤，这是一种洄游鱼类。它们成群结队，逆汹涌的洪流而上。不同于大多数鱼类，这种鱼是水果的忠实消费者，它们会跟踪在河岸边树上觅食的猴群，猴子摘果时那些落在水中的果实，就成了它们的食物。等着水果从天而降是相当安逸的做法，不过希氏石脂鲤也可以主动采摘。鱼类和摘水果听起来两件事八竿子打不到一起，实际上却并不稀罕，南美洲尤其常见。希氏石脂鲤就是这类鱼，它们能高高跃起，从低悬在河面上方的树枝上摘下水果。这是力量与精确度的结合，为了准确计算距离，希氏石脂鲤必须清楚阳光在水和空气中折射角不同。另外，它们得在触及水果的瞬间咬合下颌。这套取食技巧给植物和鱼类带来了双赢。虽然看起来鱼类遭到了利用，不遗余力地替植物传播种子，但包裹了种子的果肉填饱了鱼儿的肠胃，也是一桩好事。

果实中的种子需要几天才能穿过希氏石脂鲤的消化系统，当它们最终排泄出去时，可能已经在诞生地几公里开外了——而且是上游处。这些鱼与河水搏斗，逆流而上，如果没出意外，它们排便的地点会比种子随波逐流抵达的下游随机地段更好。

植物结出果实是一件值得认真对待的事，因为那需要耗费许多能量与资源。大自然就像尖酸刻薄的浑球，在圣诞节那天计算他收到的每一件礼物的净值。礼物有多周到，选的时候费了多少心思，它代表哪些含义统统无所谓，重要的只有价格。历经无数年月的物种演化，是有史以来最深入、最严格的成本效益分析，所以猴子和鱼不会平白帮植物播种，除非能得到报酬。另有一些植物采取了截然相反的策略，它们把养分投资在了种子的数量而不是质量上，香蒲——有时候被叫作蒲草——正是其中之一。它们散播种子时不借助动物的力量，自然无须支付相应报酬，它们利用的东西，是天然存在的风。

给猴子和鱼支付报酬的好处显而易见：这两种消费者都更有可能把种子带往适宜它们生长的环境。猴子把种子传播至林地，鱼则把种子带往上游并排入水中，使它们有机会搁浅在河岸并生根发芽。植物的这种播种策略精准而有针对性，它们生产的种子相对较少，但被动物带往适宜地点的概率很高。

香蒲则是大范围地播种。它们迷人的棕色果序里满载细小的种子。这种果序又叫作香蒲权杖，是本章中第二种让人联想起中世纪武器的植物组织。一个果序可以包含多达 22 万颗种子，这有点像在玩转盘游戏的时候对每一个数字都下注。纪录片《绿色星球》里，大卫·爱登堡捻了捻一株香蒲粗壮、柔软的果序，把数不清的种子释放到了空中。风把它们吹往哪里，它们就落在哪里。你轻轻地拍打果序，能看到许许多多种子迸发而出，寻找各自的未来。

　　尽管听天由命是这套策略的核心，不过在此基础上，香蒲进行了一些改进以进一步提高播种成功概率。香蒲生长在水边，显然许多种子会被风吹往水的方向。假如它们位于某座大湖旁，许多种子便会落入水中。这样一来，它生产再多的种子都白搭，整个物种也就走不远了。

　　香蒲的解决方案是让种子成为小小的帆船。香蒲种子落水时会下沉，然而这不是结局，因为它们会分泌提供额外浮力的黏液线，重返水面。这些黏液还能起到风帆的作用，推着种子不断前进，直到无法继续移动——换言之，抵达了湖岸。种子在这里再度下沉，它们很可能进入了一片早已有同类存在的浅滩。它们在适宜的环境中成长、繁茂，孕育新的果序，让永不停歇的风再度带走数以万计的种子。

　　完全水生的植物要开花与播种，会比生活在水边的植物更困难。我们已经了解了开花、结果需要耗费大量能量和养分，而这在水生环境下

227

往往是稀缺资源。更糟糕的是，植物的雄性物质，也即花粉，在潮湿的环境下难以得到传播。这些困难让人觉得水生植物从一开始就无法存在，但事实显然并非如此。究其原因，在于许多水生植物并不倚重有性生殖，降低了开花结果的频率。

让我们来看看浮萍，这种植物生长在静止或者流速缓慢的水面上，往往会将水面完全覆盖，让它看起来更像是刚修剪过的草坪。划船经过满是浮萍的水面，你可能会感到享受：只见船头分开成千上万片浮萍，船尾留下清澈的水道，随着绿色的植物重新聚拢，水道渐渐消失。浮萍能够开花结果，不过通常情况下它们会自我复制。我们看过莫哈韦沙漠的三齿团香木自我克隆，让本质上相同的植株慢慢增殖成圈状。这是个相当缓慢的过程，分裂过程从 7000 多年前持续至今。浮萍所做的事情与三齿团香木本质相同，只是速度要快得多得多。

前页图

—

一只埃及雁穿过浮萍。（博兹瓦纳）

上图

—

上游森林砍伐造成水土流失，由此产生的泥沙在马达加斯加贝齐布卡河大量淤积。

一片浮萍能够在两周内自我复制至 17500 片，这是个惊人的数字。所谓的指数级增长，就是这么难以置信。进一步计算表明，如果不加限制——当然，现实中不存在这种情况——只要四个月，一片浮萍就能覆盖整个地球表面。凭借迅猛的增长速度，惊人的繁殖能力，这种植物能从毫不起眼的状态开始疯狂地征服一切。

那么接下来，你会自然而然地想，为什么浮萍没有不断地繁衍，直到统治世界呢？原因之一是这种植物对栖息地有明确的要求。它只在营养物质丰富、水流缓慢或者静止的水域生活。另一个原因在于它们是优秀的食物，蛋白质含量比大豆更多，包括鸭子、鹅和天鹅在内的许多水禽都以它们为主食。覆盖水面的浮萍帮助了许多其他生物，比如，成为鱼苗的藏身之处，为成年鱼类和蛙类提供了庇护所，它们还减少了覆盖区域的水体蒸发量，抑制了原本能阻塞池塘的水绵增生。

上图
-
漓江支流。中国广西，远处可见城市与山脉。

这种植物的存在是一个完美的例子，说明生物可以向简单的方向演化：浮萍的祖先远比它们复杂，但随着时间推移，那些植物通过简化自身——而不是变得更复杂——获得了越来越多的优势，我们在本书中提及的菟丝子和仙钗寄生也拥有类似的演化路径。可以说，浮萍的简单结构是刻意为之，是它们在演化过程中对复杂结构进行提炼的结果。园艺师的插枝繁殖本质与浮萍繁衍相同，即从一株植物上取下一部分，让它长成另一株植物，从而获得两株基因完全相同的不同个体。

插枝繁殖的原理，加上遍布世界各地的浮萍向我们提出了一个有趣的问题：如果仅仅自我复制就能获得巨大的成功，为什么植物还要有性繁殖呢，为什么动物还要有性繁殖呢？答案在于单性繁殖的脆弱性。这个问题，我们将在下一章中再一次遇到。基因相同的个体，即使数量再多也缺乏韧性。如果遭到某种疾病袭击，这个种群中没有一个个体能对此免疫。环境一旦发生变化——比如持续高温——种群中也没有更能适应变化的个体，大家都是一根绳上的蚂蚱，谁也跑不了。你避开了有性生殖的巨大能量损耗，却使种群变得脆弱。有抉择，就有代价。这就是为什么看似能征服世界的浮萍依然只是脆弱的小生命。

普遍脆弱性作为一个新概念，才添加到人类思想史里不久。是的，我们眼中那些强大的动物已经被逼到了灭绝边缘；无边无尽、看似永恒的热带雨林被切得支离破碎；仿佛能够一直呵护其优势物种的地球本身也在遭受气候变化的困扰。我们中的大多数人不愿意相信人类正在亲手破坏自己赖以生存的环境，对这个问题宁可视而不见。

水生植物天生脆弱，它们从数亿年前诞生起就是如此。水生植物只有在特殊的甚至苛刻的条件下才能蓬勃兴盛。以浮萍为例，如果所处的河道水流加速，或者河塘干涸，就会遭受灭顶之灾。许多在河流上游生长的植物到了入海口附近没法存活。这里河道太深、水流太强、泥沙太多导致光合作用无法顺利进行。在河流发生变化的节点处，许多植物被抛在了后面。这是自然的法则。

如今，人类不断改变着河流以及地球上万事万物的自然形态，不过淡水生态系统的变化也许是最大的。河流上游的滥砍滥伐意味着降雨不再受到阻隔，直接把沙土带进河流，使原本清澈的河流变得混浊。水坝改变了河流的季节性水位，重写了水坝上下方的区域生态，以及河流本身的地质和化学性质。有观点认为水坝造成的植物灭绝比森林砍伐更甚，而美国有9265座水坝。这些建筑的修建和维护都会产生温室气体，它们损害了自然界原有的碳吸收功能，削弱了生态系统的滋养能力，也

右图

—

海底牧场：世界上最大的海草原位于澳大利亚西部的鲨鱼湾，覆盖了约 4000 平方公里的海床。

翻页图

—

半素食的鲨鱼：以海草为食的窄头双髻鲨。（美国佛罗里达礁石区）

破坏了野生生物的栖息地。人们怀着良好的意图建造了水坝，迎来的却是意想不到的结果。

　　人类是能够创造奇迹的物种，而且每天都在这么做。我们把许多河流变成了荒漠——至少对开花植物来说如此。但当河流接近终点，流速变慢时，植物又获得了另一个生长的机会。在入海口沉积的泥沙给了海草可乘之机：这种开花植物的祖先在一亿年前就适应了海洋。海草生长在沉积物营养丰富、阳光充足的地方，根茎位于海床之下。在多沙的沿岸海域，它们拥有海藻不具备的优势：靠着在陆地上演化得来的根茎，它们能从海床中汲取海藻无法获得的养分。海草可以通过出芽自我复制，不过也保留了有性繁殖。与我们在本章中见过

的其他水生植物不同，它们趁着黑夜降临在水中开花。在夜间开花，是为了避免遭到鹦嘴鱼啃食。海草打破了花粉在潮湿环境下难以起效的普遍规律，它们的花粉既能随波逐流地飘洒，也可以通过被称为海蜂的小型甲壳动物传授。

　　海草不断繁殖，形成水下草原，它们饲育动物的能力不在任何陆地草原之下，甚至可能更好。以海草为食的大型动物包括了 4 种海牛与儒艮，这些水生植食动物移动缓慢，用三瓣嘴进食。记忆力优秀的读者一定记得 2002 年的纪录片《哺乳类全传》里，大卫·爱登堡站在浅海中，海牛环绕在他周围，它们散发的味道熏得他皱眉。这些动物能一天吃掉 50 斤海草，超过它们体重的

10%。海龟和一种被称为窄头双髻鲨的半素食鲨鱼也吃同样的食物，后者的饮食结构中海草占到了 6%。据估计，4000 平方米海草草原足以容纳 4 万条鱼和 5000 万只无脊椎动物。

海草草原非常重要。它们稳固海床，封存了碳，减少温室气体排放（一项统计估计，全世界海草吸收的碳足够抵消英国每年汽车废气排放的碳）。海草覆盖了海底 0.1% 的面积，却储存了海洋 11% 的有机碳。

所有自然史作家在描写奇观的同时，都需要穿插一些让人警醒的阴郁内容，这是桩累人的麻烦事，但逃避这些话题是不负责任的。所以我也得提醒读者，海草草原面积正因为人类的干扰、污染和过度捕捞而不断降低。我在这里提供另一个惊人的数字：16 世纪时，全球海草草原容纳的大型植食类动物，是马赛马拉[1] 的 20 倍。

对人类来说，清洁的淡水无比重要，这不必由什么天才科学家来证明。近年来，西方文明对清洁淡水产生了一种迷恋：许多人出门时一定要带上矿泉水瓶，喝完以后就把塑料瓶丢了，直到最近，可重复使用容器才风头渐长，不论如何，这证明了离开干净的淡水，我们人类就无法生存。其他生活在海洋之外的动物也是如此。水加阳光等于生命。在本书开头，我们就阐述了这个真理。我们生命中最宝贵的东西，一个是远在 1.48 亿公里外的太阳，一个就分布在这颗星球的不同大陆上。太阳暂时还算安全，尽管我们找到了一种复杂的方式，增加了它对地球施与的热量，给自己带来越来越多的麻烦。不过我们毕竟伤害不到太阳，可惜，淡水却不是。

从高山激流里到陆地与海洋交汇处，我们在本章中见证了一些植物界中最壮丽的奇观。这些植物喜人的绿色——它们代表了光合作用——一次又一次地强调了如下事实：对我们这些陆生动物而言，淡水与生命密不可分。

---

1 马赛马拉国家保护区是肯尼亚西南部的一个大型猎物禁猎区，目前保护区面积有 1510 平方公里。

没有持续的淡水供应，人类的生活就不可能维持下去。我们也许应该换用儿童的视角，听听约莫5岁的孩童在这种情况下一定会提出的问题：既然淡水对人类如此重要，为什么我们要不断地破坏淡水水源，甚至让它们变成地球上受威胁程度最大的环境之一？

污染、水坝、森林砍伐、泥沙增多，这一切不仅导致了植物物种的灭绝，也破坏了水生植物吸收二氧化碳并向大气中释放氧气、储存碳的能力。我们不顾一切从大地上汲取水资源，导致了淡水系统的干涸。为了发展农业和其他产业，我们抽干湿地，放任外来植物入侵各地水系。骇人的全球变暖不断加速，导致干旱和洪水越发频繁。就这

前页图

—

罕见景观：异常庞大的儒艮群在澳大利亚东部昆士兰的摩顿湾进食海草。

上图

—

以船为桥：水葫芦堵塞了孟加拉国布里甘加河，阻碍了船只前往达卡；当地居民只能通过由木船拼凑起来的临时桥梁上下班。

样，我们成了自己最宝贵资源的破坏者。

人类是一种短视的物种：活得过当下，就不考虑其他。为什么要操心人类的未来呢？为什么要烦恼他们曾曾曾孙继承的是个怎样的世界呢？就像那个经典笑话里说的，我为什么要关心后代？后人为我做过什么？[1]

上图

—

螺旋桨在海草草地上留下伤痕，带来长久的伤害。（美国佛罗里达礁石区）

翻页图

—

安全的用餐场所：以海草为食的绿海龟。远处可见海洋研究与教育中心的一位研究员。（巴哈马群岛）

---

1 这个笑话可以追溯到 18 世纪初。当时《旁观者》杂志的创办者约瑟夫·艾迪生就引用过这段话。

HUMAN WORLD

休戚与共

人类的历史也是人类和植物关系发展的历史。当人类第一次在非洲大草原上直立行走时，两者就已密不可分，21世纪最时髦的都市人同样无法摆脱这层关系。植物是我们一切食物的源头，我们吃的不是植物，就是以植物为食的生物。没有植物，就没有动物，也没有真菌。我们呼吸的空气，以及我们喝的水，也由植物创造。这是植物的时代，我们人类永远无法改变这一事实。

这颗行星已经被人类改造得面目全非，我们选择了一些植物，让它们在我们希望的地点生长。而好些我们看不上的植物由于人类的冲动、愚蠢和短浅目光，生长在我们不希望它们出现的地点。你可以去英格兰风景区观赏喜马拉雅凤仙花，也可以在美国南部找到东南亚葛根。

这颗星球一直绿意盈盈。自生命诞生以来，地球的运转就仰仗植物。最早的光合作用生物蓝菌，它们的诞生可以追溯到35亿年前。到我们身处的这个世纪，人类的行为抉择已经影响到了地球的方方面面，并且将持续下去。指引第一批人类生活的准则至今依然生效：我们通过活着的植物搭起的桥梁，在生与死之间穿梭。

要真切地理解这一点并不难，只要去印度东北部梅加拉亚邦位于崇山峻岭中的卡西人领地走上一遭就行。梅加拉亚的梵语意思是云的居所，这是个贴切的名字。这里到处是耸立的山岭，每年至少12000毫米的丰沛雨水使这里成为印度最潮湿的地区——这可不是闹着玩的。这里峡谷纵横，瀑布众多，山体滑坡和泥石流不过是家常便饭。你可能会以为在这种区域，要从一地赶往另一地难于登天，然而事实并非如此。人与树之间的和谐关系降低了交通的障碍，它的具体表现形式就是桥梁。

许多种榕树会从其他树的树枝上开始成长发育，它们向下探出树根，吸收空气中的水分，直到抵达地面。如果一切顺利，它们会在此之后独立发育。这些树根坚韧、可塑、易于获取，许多世纪以来一直是卡西人的得力工具。在扭曲和重定向后，这些树根可以将脆弱的山体固定起来，不但降低了滑坡的风险，而且形成了梯子状的结构，让人们可以轻易地攀爬陡峭的山坡。不过其中最关键的，是卡西人用活着的榕树根建造了跨越峡谷的桥梁。这些树根在空气中延长时保持了它们的强度，而在触及土壤后变得更加粗壮。榕树根强大的抗拉能力使它们能控制住宿主，而人类利用这种特性建造了桥梁。

纪录片《绿色星球》里，一段酷炫的延时镜头向我们展示了这一切是如何做到的。人们将竹子从上至下一分为二，弯曲成"U"形，引导树根沿着它们生长。建造活体桥梁需要在峡谷的两侧各找到一棵榕树。

如果没有，就自己种。随着树木逐渐生长，它的树根最终取代了竹子制成的脚手架，并且继续生长。这项工程需要漫长的时间。今天开始建造一座活体桥梁，受益者可能在几代人之后。这种桥中，跨度最大的达到了 50 米，最古老的迄今已经有 500 年。在梅加拉亚极端的环境和气候下，榕树桥比任何用木头或者现代材料搭建的桥梁更耐用。它们不会朽坏，因为它们还在生长。

卡西人的神话里，凡间与天堂原本可以自由通行，直到有人愚蠢地砍倒了一棵圣树。这个故事告诫卡西人，要以正确、保护的态度对待自然，而榕树桥是个绝妙的象征：没有活着的植物，我们都将坠入深渊。

建造桥梁的榕树被归为开花植物，虽然我们人类对它们的花朵视而不见，甚至认为"无花"（无花果树就是一种榕树）。实际上，大多数我们耳熟能详的植物都有花。世界上大约有 35 万种开花植物——专业术语叫被子植物——占所有植物物种的 90%，其中包括了许多我们以为不开花的植物，比如禾本科植物（包括了小麦和其他谷物）。开花植物也叫作被子植物，因为它们的种子被包裹在果实中；与之相对的裸子植物，顾名思义，种子裸露在外。裸子植物（gymnosperms）的词根"gymnasium"意为体育馆，而体育馆原本就是人们赤身裸体的地方。

和其他植物一样，开花植物经历了漫长的演化，不过 1 亿年前，它们突然在繁衍范围及物种多样性上得到了爆炸式增长，其中很大一部分最终演化出了令人侧目的花朵。这种全新的生存机制，需要引起外界的注意。因为气流无法预测，不可控制，也没有精确的定位方式，开花植物放弃了风媒授粉，转而利用起了动物。而为了精确地引导动物，目标必须轮廓清晰，颜色鲜明。于是，它们演化出了一种新型叶片：大多数忙着光合作用的叶子是绿色的，但新型叶子需要在绿色背景中引人注目。这种新型叶子就是花瓣，它们围绕植物生殖器官生长，向授粉动物大声宣告：我就在这里！快来快来！这儿有你要的东西！花瓣是花朵的广告，诱使动物前来，而动物通常情况下能获得花朵内部营养丰富、热量充沛的花蜜或花粉（还有些花会用虚假广告诱骗动物打白工）作为报偿。接着，它们会转移到另一朵花上，如果是同一种花，那么它先前有意无意间附着在身上的植物遗传物质，也就是花粉，就传递过去完成了受精过程。这套系统几乎赋予了植物遗传物质难以想象的效率，导致开花植物多样性大爆发。它们的性器官起初又小又不起眼，现在却提供了地球上最华丽的演出——就像我们在本书中一次又一次见过的那样。

花朵的演化取悦了昆虫和其他授粉动物，但也取悦了人类。我们如此喜爱花朵，甚至用它们来标志人生中最重要的那些部分：爱情、婚姻、出生、死亡、启迪、祈祷、对来生的期望，以及对和平的渴望。新娘手捧的花束、墓碑上的罂粟花圈、情人节送出的玫瑰——花朵在不同文化中以不同方式标记了人生的历程，不过最大的应用还是作为男性送给女性的礼物。对我们来说，花朵不仅仅是美丽的事物，它们也代表了生命的意义。

人类的每一种文化都有许多重要的日子，而花朵往往在其中扮演核心角色。每年10月末，墨西哥人会为被称为亡灵节的盛大节日做准备。

上图

意料之外：印第安火焰草吸引来了吞食花朵的旱獭，而不是授粉昆虫。（美国华盛顿州雷尼尔山国家公园）

这需要数以百万计的花朵，其中大部分是万寿菊。万寿菊有时候叫作墨西哥万寿菊、阿兹特克万寿菊甚至非洲万寿菊，原产于墨西哥。今天它们已经成了一种商业农作物，主要就用在亡灵节上。传说亡灵节这天，逝去的挚爱会以灵魂形式回归大地，这是一个庆祝生命延续而非哀悼的日子，万寿菊则是整个节日的背景，它们代表了太阳的温暖和光明，也即生命本身。它们引导灵魂返回家中祭坛：就像花朵吸引授粉动物那样，它们吸引了故人的灵魂。在不同文化背景的游客看来，亡灵节传统的糖头骨充满了魅力，然而万寿菊才是节日的核心。灿烂的橙色让人清楚地意识到这是爱与生命的庆典。

本页图
—
愉悦人类：墨西哥的亡灵节一年举办一次，而万寿菊的种植、收获以及运输是它的重要组成部分。

翻页图
—
可持续发展：只要措施恰当，人类和其他许多物种能够共享完好的生态系统。这套系统里，狒狒是受益者之一。（埃塞俄比亚瓜萨高地草原）

欧洲人抵达美洲后，"哥伦布大交换"开始。美洲的万寿菊和辣椒、土豆、番茄等植物传往欧亚大陆，小麦、大米、苹果和橘子等植物则沿着同样的路径反方向进入美洲。如今，万寿菊成了印度宗教无法割舍的部分，仿佛历史无比久远，然而算下来其实只有约350年。在印度，只要挂上万寿菊花环，器物似乎就会变得更加神圣。你可以把这看作对植物性器官的大规模劫掠，因为这些艳丽的花朵永远无法得到授粉，当然反过来想，人类为了种植万寿菊，还专门腾出了大片大片的土地。失去了人类的栽培，世界上就不会有这么多万寿菊，而人类种植这种植物的原因，是我们从它们身上发现了美，赋予了它们特殊的意义。

对大自然而言，人类文明的影响曾经是——可能现在也是——毁灭式的突发事件。人类在约 12000 年前发明了农业：与漫长的演化历史相比，这不过短短一瞬，然而它带来了极为深刻的改变。随着农业和其他产业工业化程度的提高，变化的速度翻了一倍又一倍。几个世纪之内，工业革命就让地球面目全非。与环境变化相应的还有人口的高速增长。在人类建立统治之前，所有植物和其他野生物种都很好地适应了自然演化的速度，然而人类把演化的门槛一夜之间挪了位置，于是波及世界，难以计量的剧变接踵而来。

我们来看一个例子：埃塞俄比亚的高地草原。对任何形式的生命来说，这里都是充满挑战的环境。这里的一天仿佛有四季：夜晚往往霜冻冰结，白天的气温则能上升至 20℃，稀薄的空气让阳光炽烈灼人。为了应对环境变化，这里的植物演化出了独特的性状，如长出额外的保护层；让枝叶在夜晚闭合，次日清晨重新舒展；发育出绒状或者蜡质的纤毛；还有植物保留枯叶作为隔热层。

埃塞俄比亚高地草原 60% 的植物属于羊茅草属，这些纠结丛生的草常常应用在园艺中。如果你是植食动物，那羊茅草无疑是最显眼的食物，但未必愿意下口。它们的茎富含二氧化硅，足以保护自己免受恶劣气候和植食动物的伤害。它们是这儿数量最庞大的植物，然而口味可能也是最差的。作为进一步的防御策略，它们的养分储存位置和生长点位于地下，避开了大多数天敌。这些植物庞杂的根系将土壤束缚在一起，对其他试图在高原上谋生的物种来说，这一点至关重要。羊茅草经受住了狒狒和大东非鼹鼠（有时候叫作大头非洲鼹鼠）的采食。可以说，大自然在这片草原取得了平衡：羊茅草的韧性使得它们能够在恶劣的环境中生存、成长，乃至成功地维持住环境。

直到人类介入。

羊茅草的坚韧让它们没有成为大多数植食动物的第一选择，却使它们受到了人类的青睐。羊茅草是绝佳的盖屋顶草料，也能用在房屋建造上，用在床垫、长袍、器皿、地板、绳索的制作上，还可以作为备用牧草解决牲畜的不时之需。不过，尽管羊茅草作用非凡，它们在高地草原的许多地方已经遭到了永久性的破坏。人们不但为了盖茅草屋顶和其他传统用途挖采羊茅草，还清除它们以种植庄稼以及更优质的牧草，后者养活了数百万头牛、绵羊和山羊。没了羊茅草的根系网，加上家畜的不断践踏，高原表层土壤遭到侵蚀的速度越来越快，结果原本就不肥沃的土壤一年更比一年贫瘠。人口不断增加的同时，土地的产出越来越少，

所以人们继续开发新的土地，把那里也变得满目疮痍。

但瓜萨地区是个例外。这里有门兹—瓜萨保护区。这片草原已经得到了500多年的守护，人们在生态环境恶化的浪潮中创造了——应该说保护了——一座健康的、维持着物种多样性的岛屿。保护区占地108平方公里，没有人类定居点，造访这里的人都尊崇保护草地的传统，还有带着步枪的看护人来回巡逻。因为保护区内羊茅草长得比外界茂密，有些人会为了传统用途去尝试盗掘草坪，或者拿草根当燃料，但得益于有人看护，它们的长势总体良好。羊茅草是受保护的重点，然而其他物种也从中受益，包括濒临灭绝的埃塞俄比亚狼。保护区内狒狒吃掉的羊茅草比其他地方更少，因为还有其他植物与这种草一起生长，而它们对植食动物的诱惑力更强。一个旨在控制人类影响的人

上图
-
户外工厂：种植蔬菜和观赏花卉的灌溉圈。（肯尼亚奈瓦沙）

造系统，让瓜萨地区保持了野生的状态，反过来又能帮助到人类。

这一切都出于人类的选择。实际上，人类决定着整颗行星生态的存亡。农业的发明是人类在历史上迈出的最重要的一步。似乎同时诞生在世界各地的农业，永远地改变了我们与植物的关系。农业诞生前的无尽岁月里，人类到处寻找可以食用的植物，但有了农业，自然的掌控权落到了人类手里。

方法很简单：你不再到处寻找能吃的植物，而是把它们搬到一个对你来说很方便的地方，那里既有肥沃的土地，又能提供保护——这就是农场的诞生。从此，人类不再流浪，而是定居了下来。住所固定，意味着人类有机会洗劫邻居。这是文明的开端，也是战争的开端。两者也许密不可分。

上图
—
灌溉中：英国诺福克的集约化土豆种植农场。

259

我们的先民在发展农业时，会种植他们最喜欢的作物，也就是那些能尽可能多地提供优质食物的植物。而当他们种植下一代作物时，又选择了最好的种子。这个漫长的过程持续了一代又一代，至今没有停歇，而植物随着人类的选择发生了改变。通过不断的选择，人不仅驯服了对象，还改变了它们，这就是驯化。达尔文称驯化过程为人工选择，它不同于自然选择，并不是自然界施加生存压力的结果。今天的小麦和古人在西亚种植的作物并不相像，它们的区别就像约克夏梗犬和狼那么大。有些植物非常适合与人为邻的生活，这种特性被演化生物学家称为扩展适应，就是指生物的某些特征，与演化的原定目标并不一致，比如，人类的手是为了抓握树枝而演化的，但也擅长制造和使用工具。

实际上，离开了人类，许多农作物已经无法生存。电视纪录片《绿色星球》里，大卫·爱登堡向我们展示了向日葵如何繁衍子嗣。延时摄影镜头下，野生向日葵巨大的花盘随着植株不断老迈而逐渐弯曲下垂，松开种子与花盘间的连接，将它们向外挤。只要吹来一阵风或者落下一只鸟，这些向日葵子就纷纷脱落。一切顺利的情况下，这些种子中的一些会在来年春发芽，长得和它们的父母一样高，结出新的种子。

这对向日葵来说是好事，但对于想要采摘向日葵子，食用它营养丰富的瓜子仁的人类来说是个坏消息，所以爱登堡又向我们展示了今天人们种植的向日葵。这些向日葵的花盘平整得如同用水平仪量过，它们的子能用在榨油、喂牛和其他用途上，但无法自动脱落。它们高挑、长势迅猛、产子众多，然而不能凭自己的力量繁殖。

人类的核心主食是禾本植物，包括水稻、玉米、小麦、大麦和燕麦。它们的野生祖先也会掉落种子，让我们的先人烦心的是，有时候这些种子还会逃走躲起来——这么说绝不是夸张。野生燕麦的麦穗里包含 3～4 颗种子，每颗种子都有两根长长的刚毛，我们称之为芒。种子落地后，芒会在干燥时弯曲，湿润时伸展，再加上芒上有抓地力很强的细毛，所以种子能随着天气的干湿交替，像用两条腿走路那样逐渐移动，直到遇上石块，或者滚落至泥土缝隙。找到安全场所的种子远离了动物的采食，一旦时机合适就发芽生长。

种子掉落不符合人类的利益。所以随着时间的流逝，我们培育出了芒小种子大，而且不易脱落的谷类作物。从我们人类理解历史的角度看，这似乎历时弥久，可是从物种演化的角度来说，这些改变只用了一瞬间。驯化行为无疑彻底改变了人类与植物的关系，你也可以说，改变了人类与这颗星球的关系。

右上图

-

结合牢固：大卫·爱登堡向观众展示，人工选育的向日葵无法松脱种子。少了人类的协助，它们难以繁殖。

右下图

-

野性已泯：这些人工栽培的燕麦有比野生祖先更饱满的种子，但少了能够掩埋自己的刚毛。

你可以把驯化视为一种交易。植物同意把它们所有的资源用于生产肥硕庞大的种子，不浪费在隐藏或者播撒它们上，人类则同意照顾植物的一切需要，包括提供土地、清洁植株和施肥，还在尽可能合适的土壤中播种。前几章里，我们看过植物如何利用动物，如镊被灯草欺骗蜣螂埋藏它们的种子，还有许多植物的种子搭乘野牛毛发的便车去往远方。至于这一次，植物利用人类满足了它们近乎所有的需求，代价是放弃独立生存能力。

这绝不是单方面有利于人类的交易。人类使得某些植物繁荣昌盛，这些植物反过来回报了人类。被驯化的谷物必须长出人类需要的种子，但人类也为它们提供了一切便利。狩猎采集生活的终结，不仅仅是农业的开始，也是劳动的开始：从那时起，人类才陷入日复一日的繁重劳动。我们可以把伊甸园的传说视为农业起源的预言：人类离开了充满闲暇的地方（或者时代），陷入不停地工作的窘境，然而上帝将人类逐出伊甸园的决定也使得人类蓬勃发展，越发壮大。可以说植物奴役了人类，但这种奴役使得人类以空前的姿态主宰了地球。

农业的进步让我们生产越来越多的食物，养活越来越多的人。人类用了大约 200 万年才增长到 10 亿人口，但达到 70 亿只用了 200 年。2020 年 3 月，世界总人口为 78 亿，预计 2030 年是 75 亿，2050 年 97 亿，2100 年 109 亿。我们生产的粮食中，大约有 40% 遭到了浪费，既没有被人类，也没有被家畜食用。农业用地中的 80% 用于饲养家畜，换句话说，人类消耗的大部分植物是由其他物种间接进行的。

农业的发展改变了劳动的性质。发展中国家里，有高达 80% 的成年人（还有许多儿童）在土地上劳作，最发达国家的这个数字还不到 2%。造成这种天壤之别的原因在于庞大的农用机械，还有合成除草剂、杀菌剂、杀虫剂以及化肥的使用：你没有必要去一片浸透了草甘膦的土地里清除杂草。这种耕作方式需要政府的巨额补贴才能维持，而补贴的分配方式决定了大多数农用土地的管理方式。2005 年起，欧洲逐渐取消仅仅根据农产品数量向农民发放的补贴，同时在补贴中引入环保标准。

随着技术进一步发展，颇具争议性的转基因植物登台亮相。包括美国、巴西和阿根廷在内，一些国家并不吝于种植转基因作物，比如，土豆、南瓜、苜蓿、甜菜、油菜籽、玉米、大豆和棉花，但欧盟禁止了大多数转基因作物。还有其他方式能增加食物产量：许多地方的牲畜，尤其是牛和鸡，从出生起就一直生活在拥挤的室内。有的农场用

上图
-
一切交由人类：灯笼椒在玻璃大棚内生长。（荷兰）

262

自家生产的谷物饲养家畜，省下了放牧所需的庞大空间。这些方式生产食物的效率不算最高，但产出肉类的效率无与伦比。另外，一些地区出现垂直农场，把农业拓展到了架子上。这种新类型的农业使用水培法等无土溶液栽培方式，与占地面积没有了直接关系。

千百年来，农业一直向着单一栽培的趋势发展，过去的半个多世纪尤为明显。农业本质关乎人类的控制：

除了你正在种植的植物，其他植物都需要清除。你可以去辽阔的放牧用草原印证这一点，也可以往郊区草坪走上一遭，这些草坪常常被洒上草甘膦，以防长出雏菊这样的杂草。

不过，如今这一趋势正在发生改变，人们对"有机"食物的需求越来越大。这个术语不太准确，因为所有生物都是有机的，这个词在农业里的意思，其实是大

幅削减入侵式的耕种方式，尤其是降低化学制剂的使用。我们举个例子，毫无节制的单一栽培会削减土壤中蠕虫的数量。这些生物能松动土壤，使它们更适宜植物生长，而单一栽培破坏了植物的生长介质，并最终损害到农作物身上。这种改变在一些国家，尤其是英国，被视为代际问题：50多岁的"年轻"农民不认为单一栽培是发展农业的唯一方式。

那些对单一栽培有兴趣的人，应该去加州中央谷地看看。这里的6500座扁桃树园产出了全球80%的扁桃仁。没有其他地方能比中央谷地更加接近纯粹的单一栽培模式。如果某株植物不是扁桃树，那它就没资格留在那里——它们确实都没留下。这里是种植扁桃树的完美地点：远方山岭上的积雪在漫长而炎热的夏季缓缓解冻，流入山谷。中央谷地被果农描述成了巨大的温室，这里的生长季节总是阳光明媚，温暖怡人，而果农能够控制水流入果园的时间与位置。2月，扁桃树开始开花。上百万平方公里的辽阔土地绽放着同样的花朵，这是怎样的绝景啊。19世纪末，凡·高在法国也见过类似的景象，还从中汲取灵感创造了一幅杰作。

但这也带来了一个问题。扁桃树结果之前，首先得开花，而这些花朵需要授粉。这种事再正常不过。我们吃的食物中，有三分之一需要动物授粉。中央谷地的问题在于没有授粉动物。为了实现单一栽培，这里使用了大量的除草剂和杀虫剂。杀虫剂在毁灭害虫的同时，也杀死了益虫。如果山谷里除了扁桃树外没有其他开花植物，哪怕不曾使用杀虫剂，昆虫也没法在除了扁桃树花期那两周外找到足够的食物。所以当每年两周的扁桃树花期到来时，如此密集的花朵无法获得昆虫的授粉。一棵扁桃树大约有2万朵花，而9000万棵树的花加起来有2.5万亿朵，如果少了昆虫授粉，没有一朵花能结成果实。

这个问题的解决方法听起来相当荒诞。人们从科罗拉多州、犹他州和其他地方用大卡车一车车地运来家养蜜蜂，由它们来进行授粉。每英亩果园需要两个蜂箱，授粉期间每个蜂箱的租金接近200美元。短暂的几周里，蜜蜂执行了它们古老的任务——畅饮花蜜、采集花粉并把它们带回蜂巢，在此期间不经意地把雄花花粉带到了雌花的柱头上。完事后，牧蜂人会把蜂箱带往他处。其他需要家养蜜蜂的农作物包括了苜蓿、三叶草（当作饲料）、向日葵、蓝莓、西瓜和黄瓜，不过中央谷地一年一度的扁桃树花期是全球规模最大的受控授粉活动。我们拿扁桃树授粉活动举例，只是因为它的问题最显眼，其他许多单一栽培的作物也由于缺乏授粉昆虫而面临着相同的困境。

这个问题的严重性正在不断增加。有迹象表明，养蜂人在造访加州后发现他们的蜜蜂死伤了三分之一，难以恢复元气。造成这种情况的原因尚不明朗，但可能与保护树木的化学制剂有关。人们面临着一些彼此冲突的抉择：是引入更多的蜜蜂来提高产出，还是重建本地原有的生态系统，恢复野生授粉动物数量，提高家养蜜蜂授粉效率。目前来看，中央谷地代表了 21 世纪农业发展的一种极端模式，在这种模式里，人们竭尽全力地榨取着自然界。人们用复杂的灌溉系统控制了水流，也控制了花朵的授粉，还控制了植物的种类，然而，这个系统已经接近了崩溃的临界点。它未来会走向更发达的技术与更强烈的人工干预，还是更温和、更宽容的道路？这里已经有 10 万亩土地种上了能自交的扁桃树，它们没有昆虫也能结果。这不一定是个道德问题，它取决于我们能在中央山谷的生态崩溃前将它逼到什么地步，以及人口将增长到何种数量。这些小小的粉色和白色花朵，提出的可尽是些大问题。

只要某种植物看起来有利可图，我们就会试着对它们进行单一种植。人类坚信自己能够掌控自然。正如中央谷地的扁桃树园所展示的，我们遇到问题时，往往会采取极端对策。树木能用来派许多用场，所以最好控制住森林。既然树木能种植，又何必让它们野着长呢？我们可以在最方便砍伐和收获的位置，种下我们想要的树种。我们能在广袤的土地上种植同一种小麦，让它们成为占绝对统治地位的物种，那对树木又何尝不可？我们在一片土地上同时种下同一种树木，让它们排成漂亮的直线，统一它们的花期和成熟期，排除其他物种的妨碍和破坏。我们这么做，是从经济学角度考虑的。显然，逐利是人类的第二天性，而且我们在这方面的表现越来越出色。这就是人类选择的生活方式，也是我们管理地球的方式，能有什么问题呢？

加拿大西部的扭叶松是一种用途广泛，尤其适合用于建筑的木材。它们是该地区关键的经济植物。你可以看到扭叶松占据了数千公顷的土地，它们排列之规整，你甚至没法把那里称为林地。扭叶松林更像是某种农产品，而不是滋养了周遭的树木。除了这些间隔得恰到好处的树木，本地很少有其他树种。我们把这类树叫作经济树木，它们的成长完全出于人类的需要，所以更像巨大化的麦田而不是森林。

但这种做法也带来了一个麻烦。我们人类创造的这种环境，恰恰是山松大小蠹梦寐以求的。这种昆虫以单一植物为生，不幸的是，这种植物就是扭叶松。你可以将这种策略理解为把所有鸡蛋都搁在一个篮子里，而且这种策略常常生效。假如人类看上了你适应的那个物种，

前页图
—

大事不妙：遭受山松大小蠹破坏的一片扭叶松林。（美国科罗拉多州）

右图
—

努力工作：美国怀俄明州扭叶松里的山松甲虫幼虫。

那就等于中了头彩。

通常情况下，雌性山松大小蠹需要长途跋涉才能找到一株扭叶松，但感谢人类，现在没有这个必要了。它们喜欢在松树上钻孔，作为反击，树木分泌树脂，试图淹没这种甲虫，山松大小蠹会尽全力地吞食树脂，让它们穿肠而过，同时释放信息素吸引同伴，其他山松大小蠹抵达目标后同样开始在树皮上钻洞，而扭叶松继续分泌树脂。总有一些山松大小蠹能够成功突破防御工事，在树内产下虫卵。扭叶松和山松大小蠹之间的动态平衡已经维持了许许多多世纪：大多数树木是安全的，而这些甲虫也总是能留下下一代。

成功逃离松脂魔爪的山松大小蠹穿过了保护树木的树皮，进入了更柔软的韧皮部。树木的循环系统就在这里，它们负责将针叶光合作用获得的糖分送往树木下方，同时把树根汲取的水和养分送往上方。山松大小蠹在这里产下了虫卵。产卵的同时，它们也带来了一些蓝变真菌的孢子。这些真菌以树木为食，不断增长。等到虫卵孵化时，真菌的消化过程已经将树木的组织转化成了富含养分的黏液。在这种奇妙的生存策略的作用下，山松大小蠹的幼虫舒舒服服地窝在育儿室里，身边满是取之不竭的食物。所以，扭叶松遭受着双重攻击，真菌拿它当食物，甲虫则破坏了它的维管系统，但它们成功地适应了这一切，维持住了生态平衡。然而现在，情况起了变化。

首先，山松大小蠹比以前更多了。这当然和扭叶松的大量种植脱不开干系。如今，当一棵树遭到攻击时，会有大量的甲虫持续地破坏它的维生系统。但除此之外还有另一个因素，就是气候变化。

温暖的月份里，幼虫享用真菌转化的丰富食物，在夏末变成蛹。它们以这种形式越冬，成虫在第二年春天钻出虫蛹。北方的冬天残酷无情，许多虫子在蛹中死亡，但也有一些存活下去继续繁衍。然而随着近来的气候变化，越来越多的蛹熬过冬天，孵化成虫，所以次年春天的虫害越发严重。此外，气候变化导致加拿大的这些区域夏季持续高温，消耗了树木储存的养分，也减少了它们获得的水分，削弱了分泌树脂自我保护的能力。所以气候变化既增加了山松大小蠹的数量，又损害了树木的健康，结果可想而知。

气候变化会对这颗行星上的所有物种带来毁灭性的灾难，包括促成了气候变化的物种本身，不过单一栽培的植物受到的影响尤为明显，因为这种栽培方式使得地区生态缺少恢复能力，扭叶松就是失去退路的典型例子。

人类文明的历史也是控制自然的历史：我们拒绝生活在某种既定的自然环境中，宁愿为自己创造新的生活环境。结果，人类取得了成功：除了南极洲，地球77%的地表得到了开发，其中大部分是农业和种植业——当然，还有城市。正是在城市里，你可以发现人类对自然的控制有多么极端——以及多么失败。即使在只设计容纳单一物种的街道上，也有少数除了人类之外的物种找到的生存之道，对它们来说，人类的骄傲和抱负不值一提。

这让我们又一次想起了大卫·爱登堡在电视纪录片里的著名台词，它戏剧性地表明了生命有多么顽强。这句台词，我们在喜马拉雅之巅听过，在平流层的热气球里听过，在海洋深处的潜艇里听过，也在世界上最干旱的沙漠中听过："即使在这里，生命依然存在。"也许这一次的情形更加不寻常，因为它位于伦敦市中心的皮卡迪利广场。这里举世闻名。英国人形容繁忙的会议、摩肩接踵的聚会以及拥堵的交通状况时会说"就像皮卡迪利广场"。皮卡迪利广场到处都是人，它存在的目的就是方便人类，取悦人类。这里随处可见亮眼的广告，汽车的呼啸声永不断绝。但就在伦敦的核心地带，这座城市城市化水准最高的地方，大卫·爱登堡向我们展示了野生的植物。"我们对它们也许不太友好，因为我们叫它们'杂草'。"

杂草——这些植物不尊重人类的意志，它们恣意妄为，自寻家园，拒绝在我们设计好的地方生长。它们顽固地出现在人们的日常生活中，难以被清理。它们甚至生活在城市中。城市土壤稀缺，营养匮乏，连降雨也会以最快的速度排进下水道。但就在这充满人类的不毛之地，杂草

找到了立足之处，并且不断繁衍。

　　有些植物天生适宜在碎片化的土地中成长，它们会在野火、山体滑坡、大树倒下或者其他灾难过后抓住机会，飞快地生长、散播种子，并心满意足地死去。没有人类干扰的自然环境中，这些植物会被更坚固、生长更慢的物种取代。这就是植被的自然演替，该过程不断持续，直到顶极植被出现——就皮卡迪利广场而言，那是封闭树冠层的橡树。

　　不过皮卡迪利广场的植被不太可能成长到那个程度——至少几个世纪里没戏——而与此同时，那些第一批抵达的植物，或者说拓荒型植物，依然逮着机会就生根发芽。世界上最古老的城市是这些拓荒者的地盘，它们永远想启动自然演替的进程，只要一个不注意，它们就会扩散开来，创造出小型的植被带。

　　对植物来说，一堵老旧的墙壁和一段山崖并无不同。为崖壁生活而演化的植物，也能轻轻松松地在墙上生存。蔓柳穿鱼的种子可以在细微的裂缝中生根开花。这种依赖昼行性飞行昆虫授粉的植物想让昆虫找到自己，必须寻找光明，但一旦授粉完毕，花朵发育成种荚，它就必须克服相反的挑战——找到阴暗的地方。此时种荚需要避开阳光，寻找能触及的最黑暗角落，如一处崖壁或者墙壁上的另一道缝隙，并在那里生根发芽。

年复一年的时光流逝后，只要没遭到清理，一代又一代的蔓柳穿鱼会不断繁衍生息，将墙壁化作它们的乐园。

要在城市里讨生活，这是种不错的策略，毕竟大多数落在城市地面的种子会因为人类的踩踏、车轮的碾压、被冲进下水道，或者干脆落在连最强悍的植物也无法生存的地方而遭到毁灭。当然，要是你结出大量种子，就能提高繁衍成功的概率。假如你还能克服重力，扩大散播种子的范围，概率自然更大。苦苣菜就是典型的例子，它的每颗种子都配有一把毛茸茸的冠毛，就像童话《神奇的玛丽阿姨》里的伞，不仅可以充当降落伞，还能乘着风扶摇直上，降落在数公里开外。人们曾经在 1.5 公里高的空中采集到苦苣菜种子，它们离母株远达数百公里。苦苣菜是再典型不过的拓荒植物，无论是落在城市还是其他任何地方，只要能找到立锥之地，它们的种子就会一次又一次飞扬而起。每一个园丁都会告诉你，它们有多么缠人。

城市植物的特征在于韧劲。我们人类和自己家周围的杂草之间，有着漫长而激烈的斗争。城市不适合娇艳的花朵，要在这种险恶之地活下去，韧劲必不可少。缬草以坚不可摧著称，你尽可以挥着铲子，尽全力将它铲除，但只要留下了哪怕一小截根，它也会死灰复燃，仿佛在嘲笑人类多么无用。

炎热潮湿的热带地区，自然界的生物往往会迫不及待地快速生长，城市植物尤其如此。经过长年的演化，榕树的种子拥有了强悍的生命力，能在许多令人意想不到的地方生根发芽。它们中的一些落在其他树木上以后——无论什么树——会向着地面伸出树根，朝着阳光舒展叶子。它们中的一些在悬崖和山壁上安家，卡西人的活体桥梁就是其中代表，而在包括香港在内的许多热带城市，另一些榕树在建筑上发芽，并奇迹般地成长。我在中国香港住过 4 年，习惯了那种摆着洗漱品的墙上还长着一棵树的违和感。对榕树保持一定程度的尊重是件好事。

如果我们放弃城市里的任何建筑，由它们自生自灭，那要不了多久它们就会变成花园。先是拓荒植物不分日夜地不断抵达，然后更庞大也更长寿的植物也会潜入。《绿色星球》在一座废弃的钢铁厂里拍过一组镜头，那座本为弘扬人类荣光而建的钢铁厂，却最终臣服于植物的韧劲。

能拒绝人类的统治，这些植物令我们肃然起敬。它们见缝插针地繁衍自身，成长速度惊人，甚至能反过来借助人类的力量。但这些特征也会带来危险，因为它们能够改变生态系统，也确实在这么做。我们将这

类植物称为入侵物种，仿佛它们是横冲直撞的破坏者，植物版的匈奴王阿提拉。然而事实上，它们并非主动出击，而是被带到各地的。因为得到了人类的喜爱，许多植物被移种到了远方，甚至是地球的另一端。人们这么做，往往是因为它们长得很漂亮。还有一批入侵物种则搭乘船只和人类的鞋子，成功地远渡重洋。

物种入侵并不容易，鲜有植物能在陌生的土地上生存。在苏格兰高地种植椰子树，不太可能引发生态灾难。对此，我们有一个粗略的统计数字：只有大约10%的外来植物能在异地生存，而这些活下来的物种里，又只有10%能被人们视为入侵物种。

能成为入侵物种，肯定得具备一些优势，比如，缺

少天敌、竞争对手、虫害和疾病——换言之，其他物种不曾演化出针对它们的策略。但换一个角度来看，外来物种处在陌生的环境中，也面对着巨大的困难。它们的演化不曾为新栖息地做好准备。此外，一开始抵达异地的外来物种数量稀少，难以与同类进行有性繁殖，也缺少天然的授粉和播种动物。任何入侵行为，无论后来多么成功，一开始都非常艰难。离开原生环境是对植物生殖行为的极端考验。目前，成功入侵异地的物种包括了葛根、水葫芦、日本虎杖、醉鱼草、山蚂蟥（我们在第一章中见过）和绢雀麦。

另外，还有绢木。我们中的大多数人恐怕不熟悉这种植物，但它给夏威夷带去了劫难，当地人叫它"绿癌"和"紫瘟"。随着近年来环保观念的不断强化，夏威夷获得了一个称号——"世界灭绝之都"。这几座岛屿可以被视为人类对自然界施加影响的典型案例。夏威夷与世隔绝了千万年，然后突然经历了毁灭性的高速发展。这一进程始于400年前后波利尼西亚人抵达夏威夷，从演化的角度来看，这个时间并不久远。当欧洲人1778年抵达夏威夷后，变化的速度又进一步提高。

漫长的与世隔绝遇上大量的外来物种，结果就是本土物种的大灭绝。据统计，142种只能在夏威夷找到的鸟类中，95种已经消失。美国鱼类和野生动物管理局列出了1225种美国濒危物种，其中481种位于夏威夷。夏威夷群岛只是片小小的地方，你可以把它放大25倍，

整个塞进得克萨斯州里。这里被认为是美国本土发生事情的样板。如果不那么狭隘，你还可以认为它是世界的缩影。

夏威夷有 1400 多种维管植物（不包括苔藓、地衣等），其中 90% 为本地独有。这种惊人的物种多样性受到了绢木的严重威胁。和许多入侵物种类似，人们觉得绢木好看，所以把它们带到了夏威夷。这种植物仪表堂堂，长着附有蜡质的宽大叶片，原产于拉丁美洲，在当地植株稀疏。二十世纪六七十年代，它们被带到毛伊岛，很快开始繁衍壮大。绢木生长迅速，种子众多，而且被包裹在鲜美的水果中。岛上的许多本土（以及入侵）物种抛弃传统饮食，把这种水果当作首选。绢木还能自我施肥，哪怕只有一株，也能在没有外力协助的情况下发育良好。夏威夷的树冠鲜少超过 20 米高，按照这个标准，绢木身材高挑，可以毫不费力地在立足之处占据统治地位，而且它们宽大的叶子有效地遮挡了竞争

左图
—
一棵榕树在香港找到了生存之道。

上图
—
保护者的武器：自然保护协会森林保护部门主管特雷·梅纳德用彩弹枪消灭入侵物种。（夏威夷考爱岛）

对手的阳光。这种植物根系较浅，对地下水疯狂抽取，使得土壤变得干燥。毛伊岛是夏威夷群岛的第二大岛，这里的古老而脆弱的生态遭到了绢木的无情摧残，就像一头公牛冲进了瓷器店。绢木如今覆盖了毛伊岛80平方公里土地。人类不但将这种植物带到了这里，还扰乱原生环境，使它们的入侵获得了成功。

既然人类制造了这个烂摊子，收拾它的也该是人类。然而这件事情不简单。绢木占据了许多陡坡与被瀑布分隔的悬崖。要踏上这些地方并不容易，即使成功抵达，人类的靴子也会带去无意间沾染上的麻烦东西，比如，植物的种子。对绢木栖息地进行除草剂地毯式喷洒也不可行：这种不分青红皂白的清理方式会带来比绢木更大的危害。但如果大范围喷洒不行，那针对性的消杀呢？从空中进行这种作业是否可行？

夏威夷大学的詹姆斯·利里提出并运营了一个前景乐观的项目。他们的做法是带着彩弹枪，搭乘直升机前往绢木的栖息地，用枪支打出装满除草剂的弹药。如果你办事细致，就用不了多少除草剂——这些彩弹内的除草剂剂量和一枚阿司匹林药片分量相当。詹姆斯·利里说这项技术"精确、缜密，犹如外科手术"。即使距离目标30米，弹丸命中的位置也跟你走上前用手放置的差不多。

利里的项目自2012年起运行至今，已经清理了15000个目标。这效率谈不上高：也许还要30年，所有工作才能完成。由于资金受限，项目组一年只能飞行120小时。利里认为寻找和击杀目标的过程令人兴奋，但他补充说，更大的乐趣在于当他重返项目现场时，看到原生植物又拥有了重生的机会。

为了让原生植物有机会成长，世界各地的人们正付出越来越多的努力。究其原因，在于人们正以各种各样的方式破坏各地的生物多样性。可以说，绝大多数人类都参与到了生态环境的破坏中。这是一件糟糕的事，一件悲伤的事，但我们最该关注的焦点，是生物多样性决定了地球整体生态环境的力量与恢复能力——本书的其他部分已经提及了这些内容。我们显然不能作壁上观，幻想自然环境会在将来突然自行恢复。夏威夷群岛就是好例子，我们可以清楚地看到，物种灭绝已经成了那里的日常。群岛的许多特有植物只剩下了寥寥可数的个体，缺少人类的干预，它们会走向灭绝，而那些宝贵的遗传多样性将永远消失。夏威夷州的部分地区之所有濒危植物残存，只是因为它们地处偏远、交通不便。就目前而言，这是好事，但也导致了人类难以采取积极的方式进行干预。尽管如此，依然有人愿意付出极大的努力，同时发挥惊人的创造

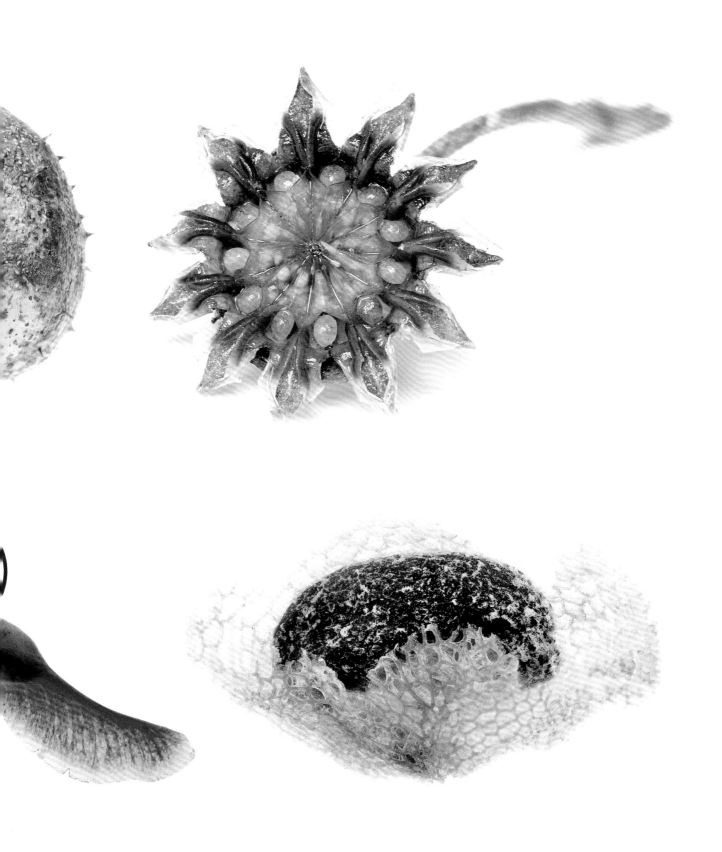

力，去包括这些地方在内的许多区域收集那些濒危植物的种子。

种子是非凡之物。它们包含了植物所需要的关于生命、宇宙及一切的所有知识，却如此微小，人类一手就能抓起若干。想象一下，你可以把 20 多棵橡树捧在手心，它们都以橡子的形式存在。种子种类繁多，反映了大自然无尽的创造力：它们有的呈肾形、方形、椭圆形、三角形、卵形、圆形或球形，有的带着翅膀和滑翔伞，有的细如灰尘能被风吹起，有的浮于水面，有的钩住动物毛发，有的故意被吞食，还有橡子这一类的需要被动物掩埋。无论何种形式，种子都是生命的关键，重要性毋庸置疑。

让我们再讲一个故事。几年前，有个叫鲁洛夫·凡·格尔德的荷兰研究者查阅了一本皮革封面的笔记本。它曾经属于 1803 年造访了好望角的荷兰商人扬·提尔林克，换句话说，它最后一次使用还是在 200 多年前。笔记本的纸页中夹带了一些提尔林克当初放在里面的种子，共有 32 种。格尔德从每种种子中挑拣出一些，送到了伦敦邱园的千年种子银行，那里的研究人员试着培育这些种子，结果其中三种真的发芽了。也就是说，在远远谈不上理想的环境下待了整整两个世纪，那些种子依然包含了生命的火花。其中一种被称为东方乌檀的植物已经发育成熟，你可以在邱园的温室里找到它们，它们的花朵非常可爱。

如果种子可以在完全不适的外部条件下将生命保存两个世纪，那换到理想条件下，它们肯定能维持更长时间。这就是千年种子银行诞生的理念：人类在不断破坏地球生态的同时，也可以把一部分生命保护起来，作为珍贵的基因遗产。

千年种子银行拥有的财富，比世界上其他所有商业银行加起来还要多。大卫·爱登堡造访了这家银行，当他看到 "*Furcraea parmentieri*" 的种子时，禁不住为这里的藏品之丰富而惊叹。"*Furcraea parmentieri*" 没有通俗的叫法。实际上，地球上的物种比人类已知的多得多，其中有许多来不及取约定俗成的名字，所以这里就简称它为 "*F. parmentieri*"（中文名为帕尔巨麻）。*F. parmentieri* 与龙舌兰是近亲，而龙舌兰是一种多肉植物，常常种在室内的花盆里。*F. parmentieri* 被发现于墨西哥中央山脉，面临着被野火摧毁的风险。这些植物受到了政府的保护，现在也成了邱园宏伟备份计划的一部分。即使它们在野外灭绝，也不会真的消失。更重要的是，它们并不孤单，与它们处境类似的物种成千上万。种子银行里的生命，至少在几个世纪里可以安全无虞。

银行每天都会收到来自世界各地的种子。它们被分类、清洗、干

燥、用 X 光检查、密封到真空罐内，然后放入种子库中保存起来。谁也不知道它们什么时候会派上用场。这有点像老式火警系统，上面写着"紧急情况时砸碎玻璃使用"，只是紧急情况已经发生了。有些种子被人从银行提出，重新引入了野外。保存在银行里的种子也是科研对象。我们不妨做一下最美好的想象：当地球生态开始切切实实的恢复时，这些种子就在这里，随时可以取用。到那个时候，这项漫长工作的重要性才能真正得到体现。为此，我们得做好这份工作：让这些种子存活两个世纪只是底线。

千年种子银行极大地增加了它保存物种的生存概率，甚至也可能帮到了地球上所有的物种。迄今为止，

银行已经保存了来自全球 190 个国家、40000 个物种的 20 亿颗种子。无论人类会做出怎么样的愚行，依然有许多人在试着做一些更高尚的事。毕竟说到底，我们的生存状况取决于地球上植物的生存状况。当一种没有被收录进种子银行的植物灭绝，它在无数年月中积累下来的知识也随之消散。这不光是我们的损失，也是地球的损失。但在这里，科学家们可以分析库藏的植物，研究它们的生存策略、特征和适应性，从而增进对于生命的了解，优化管理植物的方式，其中自然也包括那些喂饱了我们的植物。

千年种子银行会激起我们两种截然不同的情绪。第一种是对这个出色项目和项目参与者的深深赞赏。第二

种则是夹带着困惑的愤怒。我们为什么需要这个地方？事情是怎么走到这个田地的？我们把一些物种储存在地下室里，居然是因为不这么做的话，它们可能会永远消失？接下来的问题也许更重要：我们该怎么做，能让情况发生转机？如果我们不需要这样一个地方，世界无疑会变得美好得多。所以，我们该怎么做才能让这家银行变得多余呢？

我们都清楚，动物灭绝是个非常可怕的概念。但植物灭绝意味着什么相对不容易理解。我们熟悉园艺和农业的概念：要让植物生长，只要把种子种下，等它自己长起来就行。这听起来再简单不过。所以某种植物在野外灭绝了，你只要再搞来种子——如从千年种子银行里提出——去它们原本生长的地方种下，就扭转了灭绝的趋势。可惜，这只是美好的幻想。指望园艺能拯救灭绝植物，就好像把花园和荒野当成同一个地方。

我们还得考虑，如果授粉动物也灭绝了呢？如果最近的授粉动物远在五天路程之外呢？许多植物需要动物来传播种子，比如，需要它们吃掉果实排泄种子、埋下种子或者让种子附着在它们的皮毛上去向远方。可如果这些动物永远消失了呢？这种情况一旦发生，植物只剩下两种可能，找到替代动物，或者找不到。考虑到植物们漫长演化的世界已经大变样，多数情况下，它们将走向灭绝。

除此之外，还有许多看似琐碎的原因，让那些濒危植物即使得到了人类无微不至的照料，依然难以重回大地。它们的原生环境可能已经发生了局部变化，导致水分太多或者太少、阳光太强烈或者太微弱，还有土壤的改变、大气成分的不同……植物是复杂的生物，复杂性越高，出错的可能就越高。要让一台打字机停下工作，只需要往里头倒一杯咖啡，而这么做会导致你一天，甚至一辈子的工作毁于一旦。我们在书中不止一次地提过，近几十年来，包括气候在内，地球的植物生长环境发生了剧变，而且还将继续变化下去。园艺不能反转植物的灭绝。我们真正需要做的在于生态系统的保护与恢复。换句不那么学术化的话来说，我们要珍惜荒野。

不过，我们也有意想不到的契机，而且与热带雨林相关。你上一次把"雨林"与"欣喜"这两个概念联系在一起是什么时候？你上一次为这地球上最丰饶的生态环境感到高兴而非伤感，是什么时候？

巴西人塞巴斯蒂安·萨尔加多是世界上最伟大的社会纪实摄影师之一。为了获得珍贵的照片，他不止一次深入危险。那些摄影任务是对人身心的巨大考验。他拍过 1994 年的卢旺达大屠杀——在 100 天里，胡图

右图
-
无价之宝：千年种子银行的储物库里存放着超过 20 亿颗种子。

翻页组合图

左上、左下图
-
大地研究所收集种子并种植它们。

右上图
-
大西洋雨林是地球上遭破坏最严重的栖息地，图为巴西大地研究所恢复的林地。

右下图
-
甚至连美洲狮都出现在了重新恢复的雨林里。

族对少数民族图西族展开血腥杀戮，造成了80万人死亡。可以想象那是多么恐怖的场面。即使时隔多年，萨尔加多的照片也足以令人如坠冰窟——哪怕你待在温暖舒适的家中。

那一年的晚些时候，萨尔加多继承了家族牧场。他返回家中，却发现了另一种灾难。"和我一样，土地生病了。"他说。就像我们所有人在生命的某些时候需要做的那样，他得治愈这些伤痛。当时，他儿时的快乐天堂不比荒漠好多少。这块土地有曾有8个泉眼，那些水滋润了土地，可它们全部干涸了，河流也因为采矿而遭受了污染。这里的森林覆盖率原本为50%，萨尔加多小时候曾自由地徜徉其间，但后来森林覆盖率降到了0.5%。人们砍伐森林是为了放牧牛群，可如今几乎看不到一头牛，因为地表化作了一片白地。多年前，人们从大西洋雨林里辟出这块地作为农场，而

现在这里成了世界上生态破坏最严重的地区：93%的雨林已经消失。

疗愈这片土地的过程，由萨尔加多的妻子蕾拉开启。"让我们重建雨林，"她说，"让我们把古老的大西洋雨林重新带回这占地1754英亩的农场。"即使是极端的乐观主义者，也难免嗤笑她的天方夜谭。农场水源干涸，除了散乱的水牛草，几乎不存在其他生物。人们引进这些入侵物种是为了喂牛。这些草看起来就像萨尔加多那样气息奄奄，仿佛能被一把火烧掉。实际上，他们就是这么做的。

他们从残存的雨林中收集种子，建起一处苗圃，开始培育树苗和森林植物，接着把树苗移种到清理干净的土地上。这个过程中，他们遇上了许多挫折。这个项目似乎荒谬可笑，毫无希望，是精神错乱的产物，然而他们坚持了下来。随着时日增长，本土植物开始生长，

树木也向天空伸展。10 年过去，春天又一次回归大地。这仿佛是一个奇迹，但又不是奇迹。这就是植物能做到的事情。

新生的树木为干涸的土地带回了雨水。因为树木释放出的微生物和微粒协助大气中的水分凝结成云，而云意味着降雨。植物能将水分储存在体内，也会在下雨时通过体表获取水分，同时使得土壤更能保持湿润。我们在前文看到过，当生态系统中存在树木时，水分通过土壤蒸发和树叶等植物表面的蒸腾作用进入大气。是树木带来了降雨。尼古拉·戴维斯有本堪称伟大的童书《承诺》，我给我的小儿子读过好多遍其中的部分章节："绿色像一首歌，传遍了城市，它呼吸向天空，降雨如赐福。"

毫不夸张地说，事实就是这样。落在萨尔加多的牧场里的雨水形同天赐，带来了更多的绿色。作为一个独立的项目，作为一座生态孤岛，萨尔加多夫妇的尝试并没有问题，但如果它能为更多人所知，让该地区恢复更多的树木和雨水，那会更有意义。为此，萨尔加多夫妇成立了大地研究所，把他们正在做的事情扩展成了一个教学项目。萨尔加多农场的降水变化引起了当地农民的注意，他们立刻明白了自己该怎么做，开始把植树造林结合进农业中，以期获得长期的、可持续的发展。迄今为止，已经有 300 个农民得到了该研究所的支持，学习了如何种树来保护水资源和土地。

萨尔加多夫妇种下了 250 多万棵树苗，树的种类超过 200 种。他们知道生态系统尤其是雨林的恢复力取决于它的多样性。随着幼苗的根系深入土壤，风对土地的侵蚀停了下来。植物的重生，唤回了那些居住在林间的动物。花朵的开放，让授粉动物归来，蝴蝶和蜂鸟还为白昼添加了色彩。接着回来的是陆生动物：小食蚁兽、长鼻浣熊、龟类。最后，掠食动物们也出现了：虎猫、细腰猫、美洲狮。毫不夸张地说，这片土地起死回生了。

这是一个关于恢复生态、治愈伤害的故事。我曾经在大西洋雨林其他地方参观过瓜皮亚苏自然保护区，那

是个类似的项目。我在那儿见到了健壮的鹬和水豚，它们居住的地方，牛群曾经扬起尘土。我骑马登上丘陵，俯瞰四周，森林一直延伸到了地平线。

如果说这两件事能传达给我们什么，那就是：懦夫才会绝望。现在行动还不晚。但剩下的时日无多。

如今，人类在绳索上摇摇欲坠，脚下就是毁灭的深渊，我们必须恢复平衡。面对"世界的状态"这样宏大的主题，想做到这一点并不容易。你必须说出真相。你必须一次又一次地不断重申，阐明情况的严重性。你必须让人们了解，我们管理这颗星球的核心方式中存在不计后果的毁灭性因素，而现在人类的数量如此之多，我们正在耗尽残存的空间与时间。与此同时，你也得陈述那些好的方面。诚实是最好的选择。陷入绝望，或是相信虚假的希望都太过轻易，两者一样糟糕。

诚然，我们现在很难对未来保持乐观，但也没人要求你这么做，可是陷入悲观绝望，等于放弃了生的希望。也许我们应该把这两种念头都放在一边。也许输赢无关紧要，真正重要的，是你是否站在正确的那一边。我们需要关注那些优秀的项目，那些有希望的项目，并尽己所能地支持它们——哪怕只是在远处为它们摇旗呐喊。这样做不是为了蒙蔽双眼，假装一切都好，而是让自己面对实实在在的现实与希望。

让我们把目光转向肯尼亚。和撒哈拉以南的非洲许多地方类似，当地人把木炭作为主要燃料。这意味着人们必须砍伐和烧毁树木。森林遭到不断攫取的同时，那些新开辟出来的土地由于缺乏树木逐渐退化，直至变成彻底的荒地。我们知道，树越少，雨越少，而人口的持续增加导致了木炭的需求猛增和树木的大幅减少。这样的恶性循环必将带来灾难。好在面对这个问题，人们设计出了巧妙的对策。这个办法是使用木炭让树木重新回到它们曾经生长的地方。这真是最优雅的解法。

这个解决方案的核心是在受戕害的土地上散播种子。简单的播种只会引来野生和家养动物的刨食，是纯

粹的浪费，不过这就是木炭登场的时候了。人们把种子和营养物质裹成球状，外边涂上木炭粉。经过处理的种子即使被丢在地上，动物也不会去碰：木炭的气味和味道令它们反感。木炭还可以保护种子，等到条件合适时再发芽。其中一些种子最终会发育成熟。

接下来的步骤是把这些种子球散播到各处，这个挑战已经被人们急不可耐地接受了。任何外出的人都可以在路边种上一些树。防止偷猎野生动物的巡逻队在日常巡逻中，把种子球带到了各个地方。中小学生从教室出发，到处播种。要论壮观，有人从滑翔伞和直升机上丢下这些种子球；要论诗意，我们可以看看内罗毕大学的学生，他们开发了一种装在骆驼背上的机器，让骆驼在行走时撒种。

从 2016 年算起，已经有 1300 万颗种子被散播到了各地。当然，这是个长期项目，因为树木需要几十年才能长成。由于这个项目价格低廉，也没有门槛，正在世界范围内得到推广。眼下，树木正在它们一度消失的地方生长。绿色像一首歌，在荒芜的土地上传唱。

生命在生命消逝之地再生，希望在希望断绝之地重燃，面对这样的场面，我们不可能无动于衷。正是出于这样的原因，《绿色星球》电视纪录片的结尾没有放在消失后的雨林残骸，也没有放在上海这座 2400 万人口城市的街道，而是放在了英国一片仍然存在的古老林地中。大卫·爱登堡一开始就直接告诉我们，这片有 400 年历史的树林正在死亡。

这颗绿色星球充满了奇迹。植物对不同寻常乃至极端环境的适应能力令我们惊叹。但近年来，人类改变地球的速度超过了演化所能承受的极限。今天全球变暖的速度可以与 2.5 亿年前发生在二叠纪末期的另一次气候变化危机相提并论，当时的气候变化主要由火山活动引发。地球最终挺过了那次危机——代价是用了 2000 万年。短期来看，地球的未来取决于人类。希望我们的政府、公司、大大小小的机构，以及每个人，都能做出正确的选择。

大卫·爱登堡造访的这片古老林地，就是正确选择的一个虽然小但是鲜活生动的例子。这片林地位于河口，平均每年有 5 棵树因为土地侵蚀而消失。林地里的树木还在遭受白蜡鞘孢菌的攻击，这些真菌导致了梣树死亡——10 年内，林地将会失去约 30% 的树木。看起来，这是一幅相当典型的绝望场景。

但事情正在起变化。当地社区已经介入，正在扭转颓势。人们筑起了堤坝以保护土地。林地附近有一片土地，它的生物多样性一度匮乏到不如你家厨房，但现在已经种上了 20 个不同种类的 6000 多棵树。其中有些是本地物种，还有一些更适合温暖的气候，比如酸橙。无论如何，就在这片曾经的森林，未来正得到开拓。

这类故事令人深受鼓舞。我知道，按照我们伟大的叙事传统，该怎么给这本书和它的伴生纪录片收尾：大卫·爱登堡骑着白马，击败坏人，让一切重回正轨；或者大卫·爱登堡着手疗愈伤口，让我们见到地球应有的样貌。可惜啊，事实远比这复杂得多。我们才是坏人，地球呈现今天的样貌是我们自作自受。不过，我们也能扮演英雄：无论大小，只要我们做出一些正义之举，它们就能凝聚成一股向善的力量。

影视作品里，独行侠[1]策马前来，以一发银子弹救场。遗憾的是，现实里没有这样的角色。相反，我们需要直面事实，做出相应的行动。我们可以从小事开始思考，如生长在社区林地里的两岁橡树树苗。这种植物前途广大，象征意味明显。20 年之内，它还不会结出橡子，但这不重要，重要的是它得有成长的机会。如果能健康成长，这颗小橡树活得了 1000 年，比我们所有人活得都长，比我们的曾曾曾孙活得都长，它会遭遇的未来，我们只能幻想。这棵树和由它而生的想法可以让我们所有人都停下来仔细思考，接受这样一个事实：我们的困境，没有单一的解决办法。解决的方案有无数个，它们就在当下，就在周围，就在家门口，就在你触手可

---

1 独行侠：虚构人物，惩恶扬善的蒙面侠，多次被翻拍成电视剧与电影。

前页组合图：希望之种。

上图
-
马赛大象保护项目的巡逻员在马赛马拉散播种子球。

中图
-
被双手捧起的种子球。

下图
-
开始发芽的种子球。

本页图
-
新生森林中的大卫·爱登堡。他说："要尽量保护和恢复植物的多样性——为了这颗绿色星球。"

及的地方。对地球的所有生灵而言，每一片绿叶都很重要，这与我们到底属于哪个物种无关。我们要保护这颗星球的完整生态系统，要为我们伤害的大自然腾出空间，要用原生植物填充我们创造的景观——农田、经济林、城市和花园。我们需要保护植物，需要从现在开始就行动起来。这本书和电视纪录片都由光开始，而它们最终的目的，都是迎接光明，或者说，启蒙。

按照惯例，就用大卫·爱登堡的话来作为本书的结尾吧。在距离他家几步之遥，从伦敦市中心坐火车只要20分钟就能抵达的里士满公园里，镜头前的爱登堡又一次为地球上的生命做出了精辟的总结，这些话语令人回味，难以忘怀："历史上，我们和植物的关系一直在变，如今理应再次改变。不管是人类培养的、用来食用的植物，还是纯粹观赏用的植物——我们必须与它们携手合作，让世界变得更有绿意，更富野性。如果这么做了，我们未来会更健康，更安全，而且根据我的经验，还会更快乐。毕竟，植物是我们最古老的盟友。我们可以一起努力，让这颗星球越发绿意盎然。"

致谢

感谢企鹅兰登书屋，尤其是编排图片的劳拉·巴维克、设计师鲍比·伯查尔和文字编辑史蒂夫·特赖布。我要特别感谢迈克尔·布莱特，他协调处理了整个流程。我还要一如既往地感谢乔治娜·卡佩尔律师事务所的所有员工，特别是艾琳·巴尔多尼。最后，我也要向辛迪、约瑟夫和埃迪表示感激。

绿色星球

作者 _［英］西蒙·巴恩斯　　译者 _ 虞北冥

产品经理 _ 白东旭　　装帧设计 _ 付禹霖　　产品总监 _ 黄圆苑

技术编辑 _ 丁占旭　　责任印制 _ 刘世乐　　出品人 _ 李静

果麦
www.guomai.cn

以 微 小 的 力 量 推 动 文 明

图书在版编目（CIP）数据

绿色星球 / (英) 西蒙·巴恩斯著；虞北冥译. —
济南：山东画报出版社，2023.8
书名原文：THE GREEN PLANET
ISBN 978-7-5474-4390-3

Ⅰ. ①绿… Ⅱ. ①西… ②虞… Ⅲ. ①植物学 – 普及
读物 Ⅳ. ①Q94-49

中国国家版本馆CIP数据核字(2023)第039655号

著作权合同登记号：图字 15-2023-43

LÜSE XINGQIU
绿色星球
〔英〕西蒙·巴恩斯 著　虞北冥 译

责任编辑　刘　丛
装帧设计　付禹霖

主管单位　山东出版传媒股份有限公司
出版发行　山东画报出版社
　　　社　　址　济南市市中区舜耕路517号　邮编 250003
　　　电　　话　总编室（0531）82098472
　　　　　　　　市场部（0531）82098479
　　　网　　址　http://www.hbcbs.com.cn
　　　电子信箱　hbcb@sdpress.com.cn
印　　刷　鹤山雅图仕印刷有限公司
规　　格　210毫米×265毫米　16开
　　　　　　　18.5印张　229幅图　480千字
版　　次　2023年8月第1版
印　　次　2023年8月第1次印刷
印　　数　1—7 000
书　　号　ISBN 978-7-5474-4390-3
定　　价　168.00元